经历过依赖的痛
再走向独立的美

You Deserve
Pursuing
Your Passion

静水 著

天地出版社 | TIANDI PRESS

图书在版编目（CIP）数据

经历过依赖的痛，再走向独立的美 / 静水著. —成都：天地出版社，2020.7
ISBN 978-7-5455-5644-5

Ⅰ.①经… Ⅱ.①静… Ⅲ.①女性－人生哲学－通俗读物 Ⅳ.①B821-49

中国版本图书馆CIP数据核字（2020）第069192号

JINGLI GUO YILAI DE TONG, ZAI ZOUXIANG DULI DE MEI
经历过依赖的痛，再走向独立的美

出 品 人	杨　政
作　　者	静　水
责任编辑	孟令爽
封面设计	今亮后声
内文排版	麦莫瑞文化
责任印制	葛红梅

出版发行	天地出版社
	（成都市槐树街2号 邮政编码：610014）
	（北京市方庄芳群园3区3号 邮政编码：100078）
网　　址	http://www.tiandiph.com
电子邮箱	tianditg@163.com
经　　销	新华文轩出版传媒股份有限公司

印　　刷	环球东方（北京）印务有限公司
版　　次	2020年7月第1版
印　　次	2020年7月第1次印刷
开　　本	880mm×1230mm　1/32
印　　张	8.5
字　　数	166千字
定　　价	45.00元
书　　号	ISBN 978-7-5455-5644-5

版权所有◆违者必究
咨询电话：（028）87734639（总编室）
购书热线：（010）67693207（营销中心）

本版图书凡印刷、装订错误，可及时向我社营销中心调换

不要轻易去依赖一个人，它会成为你的习惯。当分别来临时，你失去的不是某个人，而是你的精神支柱。无论何时何地，我们都要学会独立行走，这样才会走得更加坦然。

推荐序

站起来，冲出去
李月亮

我看过静水的一些文字，读着很顺心。我深深觉得她活出了我心中现代女性应有的姿态。

因为无关颜值、无关财富，她活的就是一种精气神儿。所以，我很乐意为她写这篇序。

做微信公众号这几年，我深深感到现代女性的两极分化之大。她们中有的如静水独立自强、不认命、敢"折腾"，活得光彩照人；有的却像旧社会的小脚女人，把自己全部的幸福都寄托在男人身上，觉得自己十分弱小，唯

经历过依赖的痛，再走向独立的美

有把自己和男人捆绑到一起才能过上好日子。

当然，人各有志，各有各的活法，旁人不该说三道四。但我每天收到的留言几乎都是女性读者发来的，她们向我抱怨：自己的婚姻不幸、老公差劲，忍不了又不敢离，因此特别郁闷。

其实这种情况的解决方案只有一个：让自己强大起来，在经济和精神上都独立起来。就像静水那样。

但大部分女人都不肯。她们找出无数理由拒绝独立、拒绝改变现状、拒绝从糟糕的婚姻里跳出来。她们只想改变自己的老公，偏偏自己的老公又不肯改变，于是让日子变得越来越难过。

从古至今，人们都知道靠天靠地不如靠自己。一个人只有让自己强大起来，才有选择的权利，才能过上理想的生活。但女人很特别。

在封建社会，女人被看作男人的附庸，被歧视和压制，即使再强大的女人也很难做到真正独立。于是女人就渐渐产生了依附心理。

如今社会已发生天翻地覆的变化，女人完全可以与男人平起平坐，但依然有特别多的女性习惯性地依靠男人。

既然我们能掌控自己的人生，创造属于自己的幸福，又何必依

| 推荐序 |

站起来，冲出去

附于他人？封建社会已经过去了，不再是女人裹着小脚大门不出二门不迈的时代了，也不是男人一纸休书就能把女人赶出家门，毁掉女人一生的时代了。只要你肯努力，谁也阻挡不了你的幸福人生。从过去的思维惯性里跳出来吧，我们要告诉自己："我要靠自己，我只能靠自己。"

一次我和我的大学老师聊天，她称赞我是"新女性主义者"。我很喜欢这个词，于是把它放在了我的个人简介里。同样，我觉得它也非常适合静水。

所谓新女性，自然是相对旧女性而言的。旧女性是什么样的呢？她们遵循三从四德、相夫教子、足不出户、笑不露齿的规则。这样的女人好不好？我们似乎又不能断言说不好，但总体来说太过被动。她们活不出自己的样子，而她们幸福与否完全取决于嫁了个怎样的丈夫。这风险实在太大。

那新女性是什么样的呢？她们努力上进、有胆有识、独立自主、坚韧强大。而这些是女人得到幸福的必备品质。只有具备了这些品质，女人才能站起来、走出去，才能不受制于人，昂首挺胸地活得自由和体面，而这也正是我和静水的文章里一直集中表达的中心思想之一。

经历过依赖的痛,再走向独立的美

相信你看完静水的书,也会感受到她强大的勇气和力量,能够更加坚定地向新女性迈进,活成一个发光的小太阳。

我特别想拥抱那样美好的你。

加油!

自　序

如何找到依附与独立之间的契合点

今天，所有的女人都面临一个两难的命题：要家庭，还是要事业？

然而社会对女性的期待是：上得了厅堂，下得了厨房；守得住寂寞，创得了辉煌。结婚、生子是女人一生注定要经历的两大关。面对生活的考验，女人要想活出自我非常困难。

网上有个段子很扎心：国家提倡生二胎，医院提倡母乳喂养，专家提倡不要隔代带娃，社会要求女性经济独

经历过依赖的痛，再走向独立的美

立。孩子渴望妈妈时刻陪伴，老公希望老婆貌美如花。女人这个角色好难！

女人生育后，就意味着要脱离工作岗位一段时间，但关键职位不等人，当你重返职场时才发现自己需要重新去适应工作环境。在这个特殊时期，许多宝妈都是一边努力工作，一边在卫生间里偷偷挤奶。虽然也有丈夫提出："照顾孩子要紧，辞职吧，我养你们。"当然，我相信言出必行、敢于担当的好男人大有人在，但现实残酷的一面却是不少女人在孩子的屎尿中渐渐失去了价值，当她们被质疑一分钱也不挣时，才意识到自己已经活成了手心向上的"乞丐"。

事实上，很多女人都存在依附心理，只是各自依附程度深浅不一而已。女性的依附心理原因何在？

社会对男性的职业期望普遍要高于女性，"男主外，女主内"似乎是约定俗成的"真理"。这是其一。

现实里还有不少女性以男性的附庸自居，放弃成长，贪图享乐，在她们的观念里，"嫁汉嫁汉，穿衣吃饭"，男人挣钱养家天经地义。这是其二。

职场环境不够宽容。面对女员工怀孕生子，有些不良企业为了最大程度追求成本与效益的匹配，人为制造障碍，迫使女员工离

| 自 序 |
如何找到依附与独立之间的契合点

职。压力之下，女性只有回归家庭，依附男人。这是其三。

当然，还有一些家庭，男人有足够的养家能力，会以照顾老人、孩子为由，诱导女人回归家庭。

这些困惑，我也经历过。我曾在依附和独立间摇摆，但最终我在两者之间找到了弹性的契合点。

在我的产假结束前，我就请好了保姆来照顾孩子。可是当我真正开启职场模式时才发现，每天早上关上家门匆匆离去时，小宝就会来追赶我，她的哭喊声一度让我无比惆怅。另外，重新回归职场的我，也不是很适应，工作压力特别大。面对工作与家庭的双重困境，我每天忙得像陀螺一样。

我很想回归家庭用心陪伴孩子，可我又不想丧失自己的价值，这一度让我纠结难过到独自垂泪，不禁感慨：女人怎么这么难？经过深思熟虑后，我决定放弃体制内稳定的工作，开始写作，经营自己的微信公众号"静水人生"，这样我就有时间照顾孩子和家庭了。

回归家庭后，我一边带娃一边写作。为了争取更多的写作时间，我每天早晨五点起床，如果赶上孩子闹脾气，我就抱着她敲键盘。无论多累，我一直都保持着这种高度的自律。也正是因为我的

经历过依赖的痛，再走向独立的美

坚持与努力，所以我的人生也在一点点地改变。如今我的文字得到越来越多的读者认可，"静水人生"全网粉丝已有20多万，我的月收入也早已超出了我昔日的薪水，我真正过上了带娃、挣钱两不误的自由生活。

不少读者看完我的经历便迫不及待地和我交流自己的想法，但我每次都会提醒她们，做决定前一定要先做好以下准备：一是能为自己所做出的决定负责；二是能够做到目标明确，方向正确，态度坚定；三是敢于迈出第一步，然后坚持不懈地为之努力。

还要记住，人生是自己的，不要将希望全部寄托于男人和家庭，无论有多少人嘲笑你的梦想都不重要，只要自己认定了，就请全力以赴。只要你好了，这个世界就对了。你只有不再依附他人而活，才能又忙又美。

无论多忙，你都要保持生活的仪式感，不要把自己淹没在琐碎事务中，做点自己感兴趣的事，慢慢培养独立生活的能力。你更要懂得欣赏自己，敢于追求精致人生。无论工作还是生活，无论爱情还是婚姻，我们都要把握好自己的节奏，同时有自己可以打拼的事业。

| 自 序 |
如何找到依附与独立之间的契合点

那具体该怎么做呢?可以参照以下五点:

1. 思想独立

一个女人无论多么平凡,一旦插上独立思考的翅膀,她的人生就会慢慢蜕变,因为思想独立是经济独立和人格独立的基础。

现实生活中,很多女人不敢独自做决定,大多是因为思想不独立。没有了男人的决策引导,她们连买一杯奶茶都要纠结半天,更别说其他大事了。

2. 培养自己的爱好

读书、写作、养花、下棋、涂鸦、旅游……一个人如果有自己的爱好,即使生活再苦也会觉得有趣。就像我背着孩子每天乐此不疲地码字分享,这其中有很大一部分原因是我真心喜欢写作。

在这个内容为王的时代,稍微有点写作基础的人都可以实现文字变现。不少读者向我倾诉,说自己是写作爱好者,但生娃后基本就丢弃了,看到别人写稿都能月入过万,感觉自己真是废了。但你们要知道,我也是通过多年坚持不懈的努力,才得以在自媒体创作的道路上越走越好,而这恰好是从我的个人爱好出发的。

经历过依赖的痛，再走向独立的美

3. 为人生制订计划

除了工作与家庭，我建议大家给自己制订一个计划，可以是长期计划，也可以是短期计划，但你需要把大目标划分为若干个小目标去分步实现。例如：你可以用列清单的方式，复盘优化每天的任务，但记录的内容要具体、真实。

就拿减肥来说吧，你可以计划三个月减脂4.5千克，分配到每个月1.5千克，每天0.05千克。你还可以结合每天的饮食安排及运动方案，一点点地实现目标。

4. 培养赚外快的能力

因为生活中的很多美好都是能够用金钱兑换的，所以要想活得美丽，就得培养自己赚钱的能力。理财规划课程中有两个词——刚性支出与弹性支出。在资源有限的前提下，刚性支出占比就会很大，弹性支出就会被明显压缩。比如刚交完孩子的学费我就已经捉襟见肘，想去做美容都觉得奢侈，自然就谈不上如何变得更加漂亮了。

除了固定薪资，互联网时代做兼职挣外快的渠道有很多，你不妨尝试一下，比如兼职写作、代理推广产品等。

| 自 序 |
如何找到依附与独立之间的契合点

5. 建立自己的圈子

很多女性就是从放弃建设圈子开始放弃自我的,当她的世界只有工作、老公、孩子时,她才突然发现已经失去了自己以及属于自己的圈子。在人脉与能力同样重要的今天,多结交优秀的朋友,融入更优秀的圈子,常常会给你带来意想不到的惊喜。

最后,我想借用马伊琍的一些话与大家共勉:"女性在任何时候都要独立。无论在婚姻、事业还是友情中,女人都要拥有一个独立的自我。依附别人活下去,会给别人造成负担,自己也会有压力。不管在怎样的一个状态里,女人都应该是独立的。"

目 录

CHAPTER 1 | **女人越独立,活得越高级**

人们正在渐渐失去对幸福的感知力 ... 002

生活可以讲究,婚姻不能将就 ... 007

在别人看不见的地方努力,在看得见的地方发光 ... 012

哪里是人生开挂, 不过是厚积薄发 ... 019

女人越有底气,活得越高级 ... 025

一路跌跌撞撞,练就波澜不惊的心态 ... 030

改变自己,其实没那么难 ... 036

经历过依赖的痛,再走向独立的美

CHAPTER 2 | 内心有力量,才能活得更美

多少人的前半生败给了浮躁 ... 042

内心有力量,人生才会有希望 ... 047

还没付出之前,别急着向生活要答案 ... 052

起点低还不用心,活该你穷 ... 057

花开有早晚,需要用爱浇灌 ... 065

你要善良,但不能收起所有的锋芒 ... 071

和内心匮乏的人在一起,你怎么会富足 ... 077

这个世界正在惩罚有穷人思维的人 ... 084

| 目 录 |

CHAPTER 3 | 不放弃，你终将活成自己想要的样子

我辞职了，从此在自己的世界里闪闪发光 ... 090

讨好别人不如取悦自己 ... 098

不放弃，你终将活成自己喜欢的样子 ... 103

愿你不向命运低头，勇敢地活出自我 ... 109

我 40 岁摆脱家庭妇女身份，从月薪 2000 到月薪 3 万 ... 114

你都不敢做自己，还谈什么人生 ... 122

我把自己弄丢了，想找回来 ... 127

有智慧的女人活得才漂亮 ... 134

求同存异，婚姻才能长久 ... 141

经历过依赖的痛，再走向独立的美

CHAPTER 4 | 恰到好处的人际关系，才让人舒服

靠近有情怀的女人，让灵魂散发香气 ... 148

靠近优秀的圈子，无须跪着仰望 ... 153

没有"扫除力"和"单身力"，难怪你活得这么焦虑 ... 159

过分向外寻求安全感，等于撕裂自我 ... 167

人际交往中，让人舒服是一种智慧 ... 171

不轻易麻烦别人的人值得深交 ... 177

自立，女人过好这一生的王牌 ... 182

没有创业心态，只是延缓了"被淘汰" ... 187

| 目 录 |

CHAPTER 5 | 漫漫婚姻路,谁没流过泪

有一种婚姻很高级:相互欣赏,彼此仰望 ... 194

潜心修行,一定能渡过婚姻的暗流 ... 202

我也曾有过离婚的念头 ... 210

高质量的婚姻,是互相理解 ... 218

跨越来自另一半的伤害,终将抵达幸福 ... 224

单纯善良的姑娘,为什么容易在婚姻里受伤 ... 229

当你变好了,一切自然就会好起来 ... 235

漫漫婚姻路,谁没流过泪 ... 241

女人越独立，活得越高级

CHAPTER 1

> 生活固然不易，但对一个成年人而言，无论你选择为梦想打拼，漂泊于北上广，还是降低期望值，奔回家乡小县城，都是对生活方式的选择，无所谓对错。

人们正在渐渐失去对幸福的感知力

01 //

某个周六,我有幸见到了樊登读书会的创始人——樊登老师,并听了他的一场以"改变"为主题的演讲。演讲中,樊登老师对"幸福"重新定义,他的观念颠覆了我过去对幸福的认知。现在,我想和大家探讨一下这个话题。

每个人都有不同的幸福观,如果有以下四种观点供你选择,你会选择哪一种?

及时享乐型:我现在很幸福,未来幸福不幸福无所谓。

习得性无助型:我现在不幸福,以后可能也不会幸福。

CHAPTER 1
女人越独立，活得越高级

忍辱负重型：我现在不幸福，未来应该会幸福。

能力幸福型：我现在很幸福，未来也会很幸福。

当时我毫不犹豫地选择了忍辱负重型，结果被告知，选择这种类型的人"这辈子都不会幸福"。那一瞬间，我的心被狠狠地扎了一下。

我从小到大所受到的教育几乎都和"苦"有关，我在日记本扉页上写着"艰难困苦，玉汝于成""吃得苦中苦，方为人上人""只要付出努力，一切都在预料之中"……

在我看来，"苦"是走向"甜"的一个必不可少的过程。我只有先"忍辱负重"，才能"苦尽甘来"。

持有"我现在不幸福，未来应该会幸福"观念的人，心理上大多存在两种感知缺陷：一是他们常常忽略当下的幸福；二是焦虑。这类人既没有活在当下，又无法活在未来，只能活在自己酝酿的"辱苦"信仰里。

很多时候，我们被欲望蒙蔽了双眼，身处幸福之中却浑然不觉。当你重新获得对幸福的感知力时，生活就会变得美好起来。

早晨，我无意间瞥见床头发黄的相框，目光停滞、思绪倒带。那是我和张先生十三年前的合影。那时我们刚大学毕业，来

经历过依赖的痛,再走向独立的美

到Z城。在旧时的员工宿舍里我们拍下了这张生活照,那时我们对未来的生活充满期待。虽然那时的我们一无所有,却能每天骑着破旧的自行车开心地大笑;两个人同吃一个白吉馍也觉得异常美味;走在寒风瑟瑟的街上,只要牵着彼此的手就会觉得很温暖。

如今生活日渐富足,夏有空调不用忍受炎热,冬有暖气不再害怕严寒,可我们对幸福的感知力却在悄然下降。有谁记得自己从出租房搬进新房时的欣喜吗?有谁记得第一次坐上自己攒钱买的新车时的兴奋吗?岁月渐渐把我们的发际线越洗越高,把我们的欲望也越洗越大。

02 //

有时,只要在生活中遭遇一点变故,你就会改变对幸福的界定。当设定好的人生棋局被全盘打乱时,你会发现人生的快乐和幸福不是在物质上,而是在心态上。

一位读者曾和我分享了一个真实的故事。她在医院看病时遇到一个身患猪囊虫病的男人。这个男人已经昏迷多日,近乎植物人,只有年过花甲的母亲在照顾他。母亲个子很小,却依然坚持

CHAPTER 1
女人越独立，活得越高级

每天给肥胖的儿子擦洗身体、翻身、喂饭，还不停地和他说话，就像对待婴儿一样。

酷暑时节，病房里没有空调，母亲只能用湿毛巾给儿子一遍一遍地擦身子降温。一天，母亲边给儿子擦脸边念叨："都是大人了，还要我给你洗脸，你也不知道我是谁……"母亲看着毫无知觉的儿子突然哽咽起来，"你知道我是谁吗？"

没想到儿子竟然张口喊了声："娘！"他的声音虽然小如蚊蚋，但母亲却清清楚楚地听到了，她抱着儿子泣不成声："娘就知道你认得娘！"那一刻，病房里所有人的眼眶都湿润了。

母亲一共有五个子女，病房里躺着的是她最小的儿子。儿子曾经健康阳光，可结婚没多久就病倒了。因为他昏迷多日，所以妻子也离开了他，母亲却一直不放弃。在其他几个子女的帮扶下，母亲毫无怨言地照顾着这个也许永远也不会清醒过来的儿子。她每天都要问儿子："你知道我是谁吗？"即使等不到儿子的回答，她也依旧不厌其烦地跟儿子说话。可惜，虽然母亲等来了那句"娘"，但最后儿子还是去世了。

听完这个故事，我的内心被深深地触动了。原来对这位阅尽人间悲苦的母亲来讲，昏迷的儿子能醒来叫自己一声"娘"，就已经是她人生最大的幸福了。

经历过依赖的痛,再走向独立的美

03 //

婚姻里,我们同样需要保持对幸福的感知力。

读者阿莲的倾诉让我感慨万千,她说世上每个人都不容易,在一起时就一定要好好珍惜对方。

半年前,阿莲的爱人在出差途中遭遇车祸,不幸身亡。他们已经相伴二十余载,虽然时常也会因为一些琐碎的家务吵吵闹闹,但两人的生活还算温馨。

爱人的突然离世让她一下子慌了,家里冷清得像个冰窖。

她疯狂地想他。他少言寡语,但知冷知热;他挣钱不多,但责任感极强。她特别懊悔两人在一起时她从没对他说过一句"谢谢"。

其实,幸福常常就隐藏在生活的琐碎里,只是我们的脚步太匆忙、心太浮躁,把拥有的看得太理所当然,直到失去才追悔莫及。

有人爱着,有事做着,有美好的期待,一家人平平安安,这不就是幸福吗?

只要你用心体会,幸福无处不在。请大声对自己说:"我现在很幸福,未来也会很幸福!"

生活可以讲究,婚姻不能将就

01 //

我和靖姐结缘于某高端书友会。那天我应邀来到她经营的餐厅,刚踏进院门就被眼前的景致迷住了。青石板、铁栅栏、错落有致的花草,门侧还有块木牌,上面用小楷字写着:可以请客,可以庆祝,可以约会,可以看书;这里不仅有美食,还有诗和远方……对热衷文艺的我来说,这简直让我欣喜若狂。

轻轻推开玻璃门,映入眼帘的是身着浅咖啡色宽松衣服的女人背影。这个女人正是靖姐。她正优雅地剥着青豆,眼前的桌子上是两杯冒着热气的香茗,桌子一角整整齐齐地摆放着十几本

经历过依赖的痛，再走向独立的美

书。在这种美好的氛围中我瞬间陶醉了。

见我到来，靖姐忙放下手中的青豆招呼我到餐厅坐下。她微笑着说："知道你要来，我特意泡了两杯阳春白雪。你闻闻，可香了！"抬头和靖姐对视的刹那，彼此眼神里尽是默契。

靖姐带我参观餐厅的每个角落，热情地向我介绍了每处布置的寓意和来由。洗手池是青石槽，点缀着精致的鹅卵石，楼梯是红木材质的，小房间竹木吊顶、唯美古灯，透明的纱帘随风飘动，喜庆的红色小鼓静静地坐在墙角。这些古色古香的布置，让我对精致有了新的理解。我想，和这么讲究的人做朋友，我平凡的人生也会变得更加有趣。

02 //

参观完毕，靖姐和我坐下来喝茶聊天。当她听我讲起我的婚姻和家庭时，她的眼眶湿润了。我忙问靖姐怎么了。她说她想起自己和前夫的婚姻，那是一段不堪回首的伤痛记忆。

靖姐读大学时，是学校里的校花。前夫是大她两届的学长，人长得帅气、会画画、会唱歌、性格开朗，上学期间就和朋友合

CHAPTER 1
女人越独立，活得越高级

伙在校外开了画室。当时有许多女生喜欢他，可他只中意靖姐。靖姐大学一毕业就和学长结婚了。等他们有了女儿，前夫让靖姐放弃工作，回归家庭照顾孩子，靖姐想也没想就同意了。

没过多久，靖姐寡居乡下的婆婆卖了房子来城里投奔儿子，顺理成章地和靖姐住在一起。婆婆一直生活在农村，凡事精打细算，习惯了节俭，而且脾气不好。初冬，家里冷，靖姐开空调，婆婆觉得浪费电；盛夏，天气热，靖姐一天洗两次澡，婆婆觉得浪费水；靖姐说小孩的衣服要和大人的分开洗，婆婆觉得靖姐瞎讲究。刚开始，她们还能相互迁就。慢慢地，婆婆觉得靖姐铺张浪费，而且目无长辈。私下里，婆婆添油加醋地跟儿子说，你老婆目无长辈，你要好好管教她。靖姐的前夫偏听偏信，向靖姐兴师问罪，说靖姐欺负他妈。靖姐据理力争，前夫觉得靖姐故意为难他，一气之下动手打了靖姐。事后，前夫给靖姐道歉，靖姐原谅了他。

不料，靖姐的噩梦才刚刚开始。婆婆看靖姐软弱，时不时找碴儿同她争吵，靖姐稍有抵触情绪，婆婆便找儿子诉苦。前夫只听妈妈的一面之词，极力维护自己的妈妈，每每对靖姐恶言恶语，甚至拳脚相向。靖姐百口莫辩，泪水涟涟。她不想再这样过下去了，生活要讲究，婚姻也不能将就。

经历过依赖的痛，再走向独立的美

我很难想象眼前这个优雅的女人曾是一个遭遇家暴的家庭主妇。

后来，靖姐和前夫协议离婚了。她净身出户，离开时只带走了女儿。靖姐四处求职，最后进了一家拍卖公司。拍卖公司老板的妻子罹患重病去世，老板无儿无女，只身一人。老板见靖姐聪明能干，人又漂亮，顿生爱意。靖姐也觉得老板很有绅士风度，而且非常上进。两人相处融洽，于是结为连理。靖姐帮着他打理拍卖公司。几年下来，他们挣了不少钱。他对靖姐更加敬重，对靖姐的女儿视如己出。

正是靖姐的讲究，为她开启了幸福的人生之旅，让她找到了她的真命天子。我不禁感叹，她的女儿真有福气啊！竟然有这样一个历尽苦难却对生活依然讲究的妈妈，这是多么丰厚的精神财富啊！

03 //

谈及前夫，靖姐并没有多少恨意。我说："你的前夫就该千刀万剐！"

CHAPTER 1
女人越独立，活得越高级

"不是这样的，静水。"靖姐平静地说，"你知道吗？我也曾心生怨恨，但当我蹚过婚姻的河流渐渐找到自己时，我开始感激他。如果不是他，我怎么会有这么好的女儿？如果不是他，我又怎能活成现在的模样？"我暗自佩服靖姐的胸襟，她对生活充满感恩，幸福定会不断来敲她的门的。

有一种婚姻很高级，互相欣赏、彼此仰望。一旦遇见，你就要勇敢把握。未经历过家暴的人是无法体会那种尊严被人践踏的痛苦的。但生活越是逼你，你就越要强大。某天，当你突然发现自己一个人也可以把事情做好时，你就不会再期待他人为你扛起重担。那时，你就是自己的主宰，不会再做任何人的附庸。

工作之余，靖姐还会念诵佛经，她说佛经能让人内心变得宁静。一个人只要放空自己，追随内心，就能跳出曼妙的舞来。"看着来自天南海北的客人，闻着书香，我的内心就会幸福无比。"她微笑着说。

我似乎看到了她迎风奔跑的样子，原来讲究的女人都有一颗浪漫的心。

在别人看不见的地方努力,在看得见的地方发光

01 //

一篇题为《北上广容不下肉身,三四线放不下灵魂》的文章曾经刷爆网络。这篇文章道出了蜗居在一线城市的寻梦人的辛酸与无奈、不甘与焦虑,更道出了逃离族的挣扎与纠结、困惑与遗憾。

被这篇文章戳心的人多集中在25岁至40岁。因为从25岁开始打拼算起,40岁往往会被人们界定为成败的分水岭,多数人的人生在那时已基本定型。

其实无论年龄大小,每个人都是"孩子",受伤时会流泪、会寻求安慰。尤其是身处人如潮涌、霓虹闪烁的大都市,人如沧

CHAPTER 1
女人越独立，活得越高级

海一粟，卑微而孤独。

适者生存，不适者被淘汰，竞争法则从来不会同情弱者。被现实扇过耳光的人对此都有深刻的体会。

生活固然不易，但对一个成年人而言，无论你是义无反顾地在大城市打拼，还是心安理得地在小县城定居，都是对生活方式的选择，无所谓对错。

02 //

阿丹是我的大学同学，她是那种眼睛向着太阳、笑里全是坦荡的女孩。

毕业那年，在很多人无头苍蝇似的找工作的时候，阿丹依旧不慌不忙地保持着"教室、食堂、图书馆"三点一线的生活节奏。

后来我才知道，她在大三时就已经拿下了含金量极高的注册会计师证书和注册税务师证书，成了不折不扣的大学生"双师"。大四上学期，她就已经在国内某知名会计事务所谋到了稀缺的职位。

经历过依赖的痛，再走向独立的美

她的厉害之处在于，在别人看不见的地方努力，在别人看得见的地方发光。从表面看，似乎是起点高低的问题，实则是视野与见识的差距。

一次她到深圳出差，顺道来看我，我在Z城找了一处口碑很好的饭馆招待她。这是我们毕业十年来第一次相聚，而且是在我定居的地方。

我们边吃边聊。谈起各自的工作时，阿丹从包里取出一张名片递给我。我从名片上看到某某投资集团风控总监的字样时，傻眼了。没想到阿丹这么能干，她所在的公司是一家跨国企业，国内外知名，很多人挤破头想谋取一个普通职位而不得，她竟然做到了风控总监的职位，实在是了不起！我忍不住问她："你这么能干，挣了不少钱吧？"阿丹喝了一口酒，没有正面回答我，而是说："我走到这一步，只不过是笨鸟先飞。你还记得吗？在学校时，税法老师曾对我们说过：'物以稀为贵，替代性越强的工作越没有含金量，大家趁年轻要多学本事，成为不可替代的、复合型的人才。'当时不知你听进去没有，我深以为然，从此不断地充电，提升自己。"

阿丹说完，我端起酒杯敬她，敬她不辞劳苦跑来偏僻的小城看我。

CHAPTER 1
女人越独立，活得越高级

03 //

作为普通高校毕业生的我们，刚踏入社会时，除了一纸学历，没有任何竞争的筹码。同样的环境，用心者与不用心者拥有的选择权截然不同。

阿丹过去也在会计师事务所工作过，不过没干多久，她就转战投资领域了。几年下来，她挣了不少钱。在很多人还热衷于抢几十块钱的微信红包时，她已经购车买房成家立业，不仅有体贴的丈夫，还有可爱的儿子。因为她懂得用智慧照亮自己的人生，通过不懈的努力成就自己，所以她能在大城市扶摇直上，找到归宿。

比起阿丹的视野和见识，我仿佛只能看到一米远的人生，只知道株守家园图安稳。因为自小家里贫穷，所以在刚毕业时我的求职标准是哪里给钱多就去哪里，最终我进了Z城的一家企业。虽说通过多年的努力，我现在的日子过得有滋有味，但一想到阿丹的辉煌成就，还是会为自己的人生缺少规划感到遗憾。

从Z城国企会计到高校财税教师，再到后来辞职创办自己的工作室，很多人都说我挺能折腾的，但我觉得这种生活平淡无

经历过依赖的痛,再走向独立的美

奇。虽然我不像阿丹事业有成,但是每个人都有自己的归宿,理想与现实的差距让我不断调整自己的目标。我从未懈怠,一直在努力。

04 //

折腾的人生经历让我失去了专业发展的机会,但从另一个视角来看,何尝不是满足了我钟情于文学的多元化刚需?人到中年,我渐渐悟出了一些道理。无论何种选择,都是自己认知范畴内最好的选择。我无须耿耿于怀,更不必时时懊悔。

虽然生活在小城市,但我每天都会给自己制定一些具体而切合实际的目标。我的人生从未停止过从外界汲取营养,没有旁人想象中的悠闲与惬意,因为我懂得,成年人的世界更多的是责任。生活是需要一定的经济基础的,一个人在肚子都填不饱的情况下谈情怀会显得很虚幻。很多时候,我都在为降低家人的恩格尔系数努力。一个人如果没有足够的经济支持,行动就会受到很大限制;一个人若没有爱的支撑,内心就会变得焦虑不安。所以,金钱和爱是优质人生的必需品。

CHAPTER 1
女人越独立，活得越高级

生活中也有这样一类人，他们有钱也不缺爱，但生活质量并不高。其根源在于他们不知道自己究竟想要什么。

和一个朋友一起喝茶时，我问她："对舒适豪华的家留给保姆享用，自己在外面辛苦打拼有何感想？"她哈哈大笑，说："没办法啊，什么都需要钱，被生活绑架了……"我调侃她："有没有感觉自己比乞丐还焦虑，总是对现状不满？"她反问我："当你的收入跟不上物价上涨的节奏时你焦不焦虑？"我告诉她："我的要求不算高，我的第一本书正在审稿中，稿费和工作室的收入已经能满足我的生活需要。我每天都有足够的时间陪伴孩子，这些没法用钱来衡量。"她看着我的眼睛郑重地说："你让我刮目相看。"

其实，当一个人认清了他要做的事情并且开始认真去做时，他就会获得内心的平静与充实。

05 //

我在自己的世界里安静地做着自己喜欢的事情，虽不会惊天动地，却倍感踏实与幸福。我白天看书、写作，晚上辅导孩子写

经历过依赖的痛，再走向独立的美

作业、阅读，远离职场的钩心斗角，不用再为没完没了的业绩考核伤神，更不用为看不惯的溜须拍马而愤世嫉俗。

按照马斯洛需求层次理论，人的需求由低级到高级分为生理需求、安全需求、社交需求、尊重需求和自我实现需求。人生的前四个层次我已经基本实现了，如果说我对人生还有什么不满的话，不过就是纠结在自我实现的这一层次。社会需要有按部就班的人支撑游戏规则，也需要有特立独行的人创造不一样的价值。

一个人无论身处怎样的环境，只要足够自律与平和，努力并坚持，肉体大多都能被妥善安放，灵魂也一样会有趣而闪光。

对于一个有追求、有规划并坚持不懈的人，在北上广等一线城市立足不是梦想，在三四线城市安放灵魂也不是童话。无论选择在哪里生活，勇于面对问题都是自我强大的法宝，制定目标、不怕困难、不断精进都是自我强大的必经历程。

古语说："艰难困苦，玉汝于成。"一个人无论处在何种环境下，只要不断努力，就会变得闪闪发光。

哪里是人生开挂，不过是厚积薄发

01 //

前不久我和四位初中时的同学梅子、雪儿、玲子、曹萍聚餐。记忆中的青春美少女如今都已步入中年，大家纷纷感慨时光飞逝。

梅子大学毕业后考上了公务员，成了梦寐以求的国家干部；雪儿高中毕业后一直在城里打工，后来自己创业，现在经营着一家日营业额过万元的百货商店；玲子高中毕业后从事的是房地产销售工作，据她自己说，她一个月可以卖出十几套房，显然是个厉害的置业顾问。

经历过依赖的痛,再走向独立的美

她们四人中唯独曹萍初中还没毕业,就一头扎进柴米油盐的现实中。不过,她经过多年的艰苦打拼,已经成功逆袭。

02 //

曹萍是个起点很低的姑娘,但她是我的四位同学中最富有的一个。五年前,她在城里开了一家中型的副食品公司;两年前,她又开了一家家政公司;她在海南也有投资。她每隔一段时间就会在朋友圈晒在各地游玩的照片。我们开玩笑,说她这一路走来人生就像开了挂。

面对众人的恭维,曹萍向我们讲起了她这些年经历的酸甜苦辣。17岁那年,她怀揣150元钱跑到城里找工作,租住在一个远房亲戚家。过了一个月,她身上的钱快花光了,才在一家超市找到了一份收银员的工作。她住进亲戚家时,答应一个月交一次房租,但现在才上班不久,她哪有钱交房租。亲戚见她迟迟拿不出钱来,就觉得她狡猾,人不靠谱,开始有意无意地给她脸色看。一天早上,她准备去上班,路过亲戚的窗前时,听到他们在屋里议论她,说她"脸皮厚""揩油"。气愤的她,当时就想冲进去

CHAPTER 1
女人越独立，活得越高级

和他们理论，可转念一想，自己已到山穷水尽的地步，寄人篱下，除了忍耐，根本没有别的办法。走出亲戚家的小院，她的泪水再也抑制不住，"哇"的一下哭了出来。晚上下班后，她硬着头皮跟超市的老板开口借钱，自尊心超强的她，生平第一次为付房租低三下四地求人。幸运的是，老板慷慨地借了钱给她。为了报答老板的豪爽和信任，她干活分外卖力。超市里没有顾客的时候，她就主动加入理货员队伍，帮忙整理货架，干的活儿比任何人都多。一天忙下来，她累得筋疲力尽，回到家就想睡觉。最难熬的是冬天，外地的送货车一到，她就得到室外去，围着车爬上爬下地清点货品，指挥入库。寒风中，她常常被冻得瑟瑟发抖。

她在超市干了两年，学到了不少东西。老板见她勤快机灵，认真肯吃苦，升她做了经理，把整个超市交给她全权负责，自己去忙其他生意了。她接手超市后，推荐顾客办理会员享受折扣优惠，节假日大张旗鼓搞促销活动，超市长年实行薄利多销的业务原则，而且可以送货上门。经她这样一折腾，超市热销的商品变得更加走俏，连积压许久的商品也销售一空。老板被她的经营手段深深折服，除了发给她奖金，还决定给她分红。她趁热打铁，建议老板扩大经营，老板想也没想就同意了。她们在城里人流密集

经历过依赖的痛，再走向独立的美

的地段开了两家分店。她如法炮制总店的经营模式，两家分店的生意异常火爆。她帮老板又大大赚了一笔，老板对她更加刮目相看。

老板自己经营的副食品商店却不温不火，于是真诚地向她请教，希望她提点宝贵的建议，以改变颓势。她觉得应该先了解市场，然后对照自己的经营方式，看看哪里出了问题。老板按她说的做了，果然找到了症结。原来副食品都有保质期，而老板由于贪便宜，进货量大，定价又高，导致商品卖不出去，大部分商品已临近保质期，有一些甚至超过了保质期。而顾客在购买商品时少不了看包装上的日期，他们一旦发现商品过期，就会放弃购买。几次三番，他们觉得这家店里卖的商品几乎都是些不能食用的过期商品。顾客口口相传，副食品商店的口碑就越变越差，生意也就越来越差。

她建议老板，把过期的商品下架销毁，把临近保质期的商品降价销售，同时控制进货数量；在店内外张贴告示，所有商品买一送一，这样做是为了吸引顾客前来，把新鲜的商品低价卖给顾客，也可以快速改变他们对店铺曾经的不良印象。老板照做了，没多久就扭亏为盈。

几年来，曹萍帮老板做成不少事。老板对她既佩服又感激，她们也从原来的上下级雇佣关系变成生意上的合作伙伴。

CHAPTER 1
女人越独立，活得越高级

03 //

曹萍一路摸爬滚打，使自己的财富像滚雪球一样越滚越大。她虽然很擅长赚钱，但对钱看得不是很重。经常有亲戚朋友找她借钱，只要对方有正当的理由，比如孩子上学、家人生病住院等，她就会慷慨解囊。对于素昧平生的人，只要对方确实有困难，她就会伸出援手。

几年前，曹萍看到一篇报道，一个女生历尽千辛万苦考上了国内一所重点大学，只读了一年，就因为家庭贫困，交不起学费、拿不出生活费，迫不得已放弃学业。曹萍想办法联系上了这个女生，帮她交了全年的学费，还送给她2000元钱作为生活费。她鼓励女生要好好读书，有困难可以随时找她。女生在她的鼓励下学习更加刻苦，一路读完研究生。毕业后，女生进入一家国企上班，用几个月省吃俭用攒下来的钱加倍报答她这个恩人。曹萍谢绝了。她说，帮一个人是一种能力，也是一种选择，自己从来就没想过回报。

席间，我留意到一个细节，就是曹萍的那双手，皮肤粗糙、关节突出。

经历过依赖的痛，再走向独立的美

她察觉到我的眼神，便笑着对我说："你看我这双手是不是不像女人的手？"我笑笑，没有吭声。她说："我这双手是在苦里泡出来的。"

对照曹萍的人生，我、梅子、雪儿和玲子就像一棵棵被移植到城市的树，而决定一棵树能长多高的因素从来都不是它的起点。每个生命都有其独特的曲线，从量变到质变靠的是长期的积累和不懈的努力。

当你看到那些起点比自己低的人成功逆袭，实现了人生的价值时，你就会相信努力奋斗有着不可替代的意义。每一种成功的背后都隐藏着许多鲜为人知的艰辛和苦痛，就像你只看到蜡梅绽放于寒冬，却不知它早已在酷寒中隐忍多时一样。

人到中年，你如数家珍地高谈阔论别人的人生，却发现自己身上毫无可圈可点之处，不免会心生悲哀。因此，不妨从现在开始，给自己制定一个切实可行的目标，坚持不懈地去努力，放下攀比，放下抱怨，积蓄力量。要知道，一个人的成功哪里是人生开挂，不过是厚积薄发。

女人越有底气，活得越高级

01 //

我是一个不大喜欢刷剧的自媒体人，却也曾经被亦舒同名小说改编的电视剧《我的前半生》中的一个情节深深刺痛。罗子君的老公陈俊生出轨第三者凌玲，罗子君的母亲得知此事后安慰了女儿一番，便到陈俊生的公司大闹，可她回到家后又煞费苦心地做了一大桌子菜，想替女儿挽回女婿。真是可怜天下父母心！罗子君的母亲坚定地认为罗子君这辈子都赚不了钱，离了婚就等于失去了依靠。

同样作为母亲的我陷入了沉思。一个女人的底气到底从何而

经历过依赖的痛，再走向独立的美

来？古人云："仓廪实而知礼节。"如果一个人连饭都吃不饱，谈礼节是完全没可能的。如果一个女人连养活自己都成问题，又何谈人格独立？

"底气"二字往往蕴含着安全感，而女人的安全感离不开金钱和爱。当罗子君被迫离婚，竭力争取儿子平儿的抚养权时，平儿爷爷所说的话虽然残忍却句句属实。他说："你看这么多年，我们家吃的、用的、平儿的教育费用，哪一项不是我儿子挣的？平儿跟了你，你拿什么来抚养他？"

曾经的罗子君心安理得地吃了"我养你"的毒苹果，对自己的人生深藏的危机却浑然不觉。当她哭着求着不要离婚时，才发现丈夫早已下定决心。这种无力感真的让人心疼，更让人感到悲哀。女人的底气源于自我的独立意识。在古代，女人是男人的附庸，社会发展到今天，女人早已拥有了更多选择的机会和权利，奋斗的目标已经不只是养活自己。

02 //

就算女人选择做家庭主妇，也应该尝试着把家里布置成一座

CHAPTER 1
女人越独立，活得越高级

春意盎然的花园。若梅姐是我的读者，也是"文友"。她虽然是一个家庭主妇，却在自己的世界里活得光芒四射。过去，家里有卧病在床的老人需要照顾，若梅姐不得不辞职回家。这些年她不仅把老人照顾得很周到，还学会了茶艺、弹古筝。

她的朋友圈里虽然都是些居家的照片，比如她身着旗袍在客厅弹古筝或沏茶、在书房读书，但是这些照片让人隔着屏幕都能嗅到一股芬芳。那是一种超脱了世俗物欲的高贵气质，一种去除了烟火气的优雅从容，一种现世安稳、岁月静好的美好享受。我被她的独特品位打动，也为她一丝不苟的精致倾倒。若梅姐的生活里没有兵荒马乱，她是一个底气充沛的人。

若梅姐说："做家庭主妇也不能将就，不将就是我活着的底气。"不将就既是一种生活态度，又是对自己的人生负责的责任感。不将就的人，往往对自己有较高的要求；不将就的人，总是专注于提升自己；不将就的人，不会轻易向现实妥协。生命也正是因为这样的不将就，才显得更加有底气。

经历过依赖的痛，再走向独立的美

03 //

《我的前半生》中演员袁泉把唐晶这个职场"白骨精"的角色演得入木三分。经济独立、人格独立、思想独立，唐晶全都做到了，可她的情感世界却充满不安。因为她要和男人一争高下，同时也对男人充满了恐惧。最后她最欣赏的贺涵离她而去，爱上了人生不堪回首的罗子君。这绝非编剧瞎编，有时女人的底气来源于爱的能力，你爱别人的底气有多深，接受别人爱的能力就有多强。因为，你值得。

罗子君的母亲曾说："女靠男天经地义，男靠女颜面扫地。"这句话反映出老太太的小格局和骨子里的传统思想。面对女儿人生的巨变，她只会号啕大哭。罗子君渐渐接纳了真实的自己和所处的环境，并努力寻找实现自我价值的出口。在奋力成长和蜕变时，她变得越来越有底气，终于活成了自己喜欢的模样。

现实远比电视剧精彩，无论你是职场白领还是家庭主妇，请相信最幸福的婚姻不是"你负责赚钱养家，我负责貌美如花"，而是"彼此势均力敌，你很棒，我也不差"。就像某教授所说："一个女人最大的魅力就是成长，最大的筹码就是

CHAPTER 1
女人越独立，活得越高级

底气。"

坚持修炼与自我成长，会让你在面临任何问题时都能淡定从容。只有当你攒足了底气，面对问题时才能不慌不乱、游刃有余。请记住：女人越有底气，活得越高级。

一路跌跌撞撞，练就波澜不惊的心态

01 //

那抹慈祥的微笑，那条雪白的卷毛狗，那只安静的白色老猫，那辆白色电动车上青绿色的儿童座椅，定格了这一生我对她永远的记忆。

清明时我终于有机会去看她，在公共墓地隔着老远我就看到了墓碑上和蔼的她，眼泪不禁扑簌簌地掉落下来。那些刻骨铭心的往事又涌上心头，夹杂着各种情愫。我一直想找个特别的方式好好纪念一下她陪我走过的那一程。提笔、放下，反复多次仍无从下笔，因为那一程中所带给我的情谊对我来讲太厚重了，我穷

CHAPTER 1

女人越独立，活得越高级

尽一生的语言都难以表达出她对我的好。

十年前，因为一份聘请通知书，我和先生怀着对新生活的向往来到Z城，开启了房奴、孩奴的生活模式。那时候，孩子非常小，父母和公婆无一例外地都认为，把孩子带回老家养才是最好的选择，然而我却是一个比较执着的人，下定决心将孩子留在身边。我一方面要在Z城生活打拼，另一方面又担心孩子没人照顾，那段时间成为我迄今为止最焦虑的阶段。

有一次，在QQ同学群里聊天，我开始"吐槽"在Z城的生活。没想到我的大学同学磊的老家就在这座城市，他父母就生活在这里。他和我说，他的父母都退休了，平时也没什么事，如果需要的话，我可以把孩子送到他父母那里去。我虽然满嘴应和，不过因为是麻烦人的事，所以我没有联系他的父母。没想到，过了一段时间，他的母亲主动打电话给我，邀请我带着孩子去她家做客。电话里，我听着他母亲家常式的唠叨，泪流满面。他母亲听到了我的抽泣声，于是说："孩子，别哭，你要是放心，以后就把孩子交给阿姨和叔叔，我们俩平时也没什么事，有个孩子照看着，家里也热闹一些。"这个和我没有半点血缘关系的人，一下子成了我在Z城最亲近的人！

从此，我每天早上五点半起床，洗刷完毕就把不满一岁的大

经历过依赖的痛，再走向独立的美

宝用小被子裹好，放到自行车后座的儿童座椅上送往阿姨家。

阿姨总是和蔼地微笑着，打开茶几上那个圆圆的草箱盖子，端出热气腾腾的鸡蛋羹……那是阿姨为大宝准备的早餐。每每至此，我总是把眼泪憋回去，匆匆离开阿姨温馨的阁楼，骑着自行车奔往上班的路上，任泪水恣肆……

02 //

每个女人都是紫薇，而生活则是用针扎你的容嬷嬷。

那段时间的我疲惫不堪，有天早晨我累得实在爬不起来了，感觉自己快要死掉了。我迷迷糊糊地听见敲门声，揉着惺忪的双眼打开门，就看见阿姨和叔叔站在门口，我愣住了。阿姨着急地说："我和你叔叔担心得不得了，因为你今天没有送孩子过来，所以我们过来看看！"

这是阿姨唯一一次来我家，但足以让我铭记一生。那一刻，除了父母，我没有享受过这种被人牵挂的感觉，尤其这个时候，我被他们的及时到来感动得热泪盈眶。

在我最困难的时候，我最亲的父母都不理解我。在他们眼

CHAPTER 1
女人越独立，活得越高级

里，我就是那个不知天高地厚的人。我的父母只知道让我把孩子送到婆家寄养，却不理解我对孩子的感情。在他们看来，我固执、自作自受。

想必有过这种窘境的女人都会心碎一地。大宝有着可爱的小酒窝、清澈的大眼睛、娇嫩的小嘴唇，在她眼里妈妈就是全世界，我怎么忍心和她分离呢？我不知道自己有过多少次辞职的冲动，可又不得不屈服于现实。直到遇见阿姨，我的处境才有所改善。

人世间的亲情抵不过无知的赌气，一个孩子的成长会成为大人观念冲突中的棋子。我庆幸自己的勇敢和坚持，也感谢阿姨让大宝幼小的心灵得到了温柔的呵护，这也许是我有生之年最无遗憾的一件事。

我想我是幸运的，在我最困顿的时候遇到他们，他们让我对人性有了新的解读。叔叔当了那么多年干部，却不占公家一分钱的便宜，老了依旧十分朴素，他说这样自己才能睡个踏实觉。他们总是在别人需要帮助的时候毫无保留地伸出援手，真是让人敬佩。

经历过依赖的痛，再走向独立的美

03 //

阿姨病重期间就住在我单位对面的那家医院。最后一次见她时，她握着我的手，那时病痛已经把她折磨得骨瘦如柴，没有力气再和我多说一句话。她强打起精神从嗓子里挤出几个字："好好活，孩子！"那一刹那，我泪如泉涌。

她走的那天我没有送她，因为肚子里怀了二宝，所以按照当地习俗我不能为她送行。这一份情谊，我知道这一辈子也还不清。

在我最缺乏安全感时，我甚至都忘记了孩子也会长大，甚至忘记了几年后孩子们也要去上学的事实，我觉得用"熬"这个字形容再贴切不过。阿姨曾对我说，年轻时的他们和我们一样，背着一床被子就离开了家乡，当时甚至比我们还要困难。她又说没有什么比孩子更重要，日子再困难，也不要和孩子分开，挺一挺就过来了。她的话温暖着我、鼓励着我，她教会了我如何做一个母亲：不管经历怎样的坎坷，也无论身处怎样的环境，都要温柔地对待自己的孩子！

那段异常艰难的时光磨砺了我的心性。每当遇到困境时，只

CHAPTER 1
女人越独立，活得越高级

  要想起阿姨的话，我的心底就犹如有一道温暖的阳光照射进来，于是不再惧怕那未知的风雨。她曾为我点亮了一盏灯，驱离了周遭的黑暗，赐予我一片光明。

  在人生跌跌撞撞的旅程里，我练就了一种波澜不惊的心态，渐渐理解了一些事。真正对你好的人一辈子不会遇到几个，你不确定什么时候会失去他们，唯一能做的就是对那些还留在身边的人好一点。

  这一生，能遇见阿姨，真是我的幸运！

改变自己，其实没那么难

01 //

无论从哪个维度来讲，人都是分阶层的，每个人都有各自的层级和圈子。圈子与圈子之间会因某种机缘产生交集，上升和坠落都有可能。一个人从上层圈子跌入下层圈子很容易，而从下层圈子向上跨越往往比较艰难。除了家庭背景，决定一个人最终能在哪个阶层生活，关键在于其对周围事物的认知水平以及自身的努力程度。

一个人想跨越式地成长和蜕变，如果不重新构建固有的思维，就很难有质的改变。这也是越来越多的人坚信阶层固化，并安于现状的原因。

我们思考一个社会的发展方向,就应多留意那些精英的动向。比如关注互联网行业,自然就要多关注马云、马化腾;关注房地产行业,就要多关注潘石屹、许家印;关注知识付费,自然就要多关注罗振宇、李笑来……精英是时代的领跑者,对未来方向的认知多半高屋建瓴,向这些优秀的人学习肯定不会错。

02 //

有些人之所以过得不好,是因为他们的认知理念从来都没有进步,从来不会主动改变。

君是我三年前在培训班教过的学生。她毕业于某中专学校,读的酒店管理专业。在学校时她青春靓丽、肤若凝脂,一头飘逸的秀发,走到哪里都不缺回头率。但培训班的课程还没结束,她就放弃了。

通过微信彼此重新联系上的那天,我隔着屏幕都能感受到她的兴奋和喜悦。我和她失联的这三年,她的人生发生了很大的变化。

经历过依赖的痛，再走向独立的美

她从外地回来后，第一时间赶到了我的工作室。短短三年的时间，她憔悴的脸蛋上长了不少痘痘，长发里藏了不少银丝。她说她很后悔当初没有听我的话，如果那时能考个会计证，现在就不至于这么落魄。她在宁波，由于学历低、没有技术，只能进工厂工作。她每天十三四个小时的高强度作业，熬夜是家常便饭。她不想回家，不想面对犹如一潭死水的婚姻，可又放心不下嗷嗷待哺的儿子。

起点低不可怕，不用心才可怕。处在社会底层的人不是没有上升通道，可怕的是压根儿就不相信"通过自己的认知提升、努力奋斗可以改变人生"的事实。

多年前，面对职业天花板和职场冷暴力的双重困境，我为自己规划了一条路：拿下注册会计师证，走执业化道路。

大国企的财务事项细化到极致，每个财税人经年累月地固守在属于自己的那个小洞口，很难接触到全盘业务。我常常想：改变自己的出路在哪里呢？如果有一天我这颗不起眼的螺丝钉被人替代了，我又能去哪里呢？平静如水的职场生活时常让我萌生出居安思危的忧患意识，我琢磨着先攻克中级会计师考试，至少它有点含金量。

CHAPTER 1
女人越独立，活得越高级

第一年，我只考过了一科。第二年，我提前十个月开启备考模式，分解目标，每天不管多累都要确保完成计划。成绩出来后，我拿下了地区双科总分第一的好成绩。翻开那个烫金的小本本，我的眼泪差点掉下来，我拥有了更多选择的权利。后来，开办歪歪语音会计公益课程，踏上高校财税课堂的讲台，站在公司内部培训师的讲台……我想尝试的事情都一一做到了。

在备考注册会计师时，我遇到了海玲。她的眼神略显沧桑，却很坚定柔和。海玲与我同岁，虽然只有中专学历，但她成为注册会计师的梦想小火苗从未熄灭过。她已经苦苦坚持了七年，在本市这个师范学院里蹭教室、蹭课。为了省钱，她还会在淘宝上和别人拼课程，后来她终于拿到了注册会计师证书。这不仅是一个证书，还是一个人奋斗、蜕变和成长的历程。

现在，海玲在一家上市地产公司任主管会计，收入不菲。

03 //

我问君会不会使用Word、Excel等办公软件，她摇了摇头。我说真的很抱歉，我恐怕连办公室文员的职位都无法帮你推荐。

经历过依赖的痛，再走向独立的美

这么多年，你的时间和精力都花到哪里去了？我将海玲的故事分享给君，并语重心长地告诉她，海玲至少从底层向上跨越了一步，尽管距离精英阶层还有很长的路要走，但她坚持下去就有实现的可能。只要不被自己打败，一切皆有可能。

改变自己到底难不难，完全取决于你的认知理念。只要你想改变，就看准一个目标，制订好详细的计划，勇敢地迈出第一步，然后持续努力。成功哪有什么捷径，不过是苦尽甘来的结果。人生就像一棵树，只要认真地浇水施肥、耐心呵护，就有可能长成参天大树，成为栋梁之材。也许我们努力一辈子都到不了理想的层次，但至少我们可以通过自己的努力向前迈一步。

改变自己其实并没有那么难，只要你愿意，什么时候开始都不晚。记住，心在哪里，收获就在哪里。

内心有力量，才能活得更美

CHAPTER 2

很多时候，我们好高骛远，一心想着出人头地。然而，世俗的成功，只会让我们的内心变得越来越浮躁，活得越来越扭曲。

多少人的前半生败给了浮躁

01 //

我有很多年没逛过街了,因为女儿要买橡皮,所以带着她直奔Z城某大型文具超市。在超市里,我看到一位男士带着小孩也在选文具,感觉和他似曾相识,走近才发现他是我的高中同学小孟。

小孟也认出了我,惊喜地说:"真没想到能在这个地方遇到老同学,转眼我们都高中毕业17年了,大家快40岁了啊。咱们班上有的同学才结婚,人家的生活仿佛才开始,而我的前半生已经败给了生活……"

CHAPTER 2
内心有力量，才能活得更美

我打量了一下小孟，他的发际线很高，头发稀疏，人有点颓废。小孟说他刚刚经历了一场波折，他开办的家具厂因经营不善无奈转让，老婆也抛下他与儿子，和别人重组了家庭。

他心怀歉意又不吐不快地说："真不好意思，老同学难得一见，我还倒这些苦水给你。"据我所知，大学毕业后，小孟先后开过广告公司、家政公司，经营得都不太理想，后来经营的这个家具厂彻底把他的生活给赔进去了。

"谁年轻时不浮躁呢？别太自责和纠结，现在重新开始也不晚。"我劝慰小孟，"好好生活，把儿子教育好才是当务之急。"人到中年，说话多了几分思考，我再也不像从前那样口无遮拦。

每个人的成长都会伴随着岁月的洗礼和磨炼，只是有人对生活的认知和态度没有赶上人生的进度。

一个人对人生不甘心、不认命固然没错，但如果失去了理性，无疑就是鲁莽。

我现在特别认可一种活着的态度，就是能把自己的日子过好，把孩子教育好，生活不求大富大贵但衣食无忧，身体健健康康的，就知足了。如果这种思想放在我二十几岁时，简直就是说笑，但现在不是。

静下来倾听自己内心的声音，滤去浮躁和自私，你到底想要

经历过依赖的痛，再走向独立的美

什么样的生活，又想活成什么样子，然后又以什么样的方式去实现它？这种思考也许和现实更贴近也更实在。

意愿和能力相匹配，你可以做自己内心想做的事情，并且做到极致。在我看来，这是幸福的最高级了。

小孟说他的前半生像极了猴子掰玉米，看到桃子扔了玉米，看到西瓜又扔了桃子，最后为了追赶兔子，西瓜也扔掉了。到头来两手空空，他留下的只有秃顶的脑袋和满脸的皱纹。

贪婪是人的本性，它和坚持不懈的追求、抱负有所不同。很多时候，我们心在云端，脚踏泥土，忘记了前行的初衷，内心变得越来越浮躁。

02 //

云彩是我中学时的一个笔友。那时互联网还未普及，我们靠着不定期的书信往来保持着联系。云彩是一个有追求的女孩，对于内心认定的事情有一种"咬定青山不放松"的执着精神，用锲而不舍来形容她的决心一点也不为过。

中学时，她说她的理想是当大学英语老师，这对家境贫寒的

CHAPTER 2
内心有力量,才能活得更美

她来说的确是个遥远的目标。她连续两年高考都名落孙山,后来跑到县城的血站,用卖血的钱争取到第三次复读的机会。功夫不负有心人,她终于考上了省城的一所师范类院校。她说她离梦想还很远,还要继续和命运死磕。大学四年她很少回家,除了勤工俭学,她还一直在努力备战研究生考试。

当我再次收到她的消息时,她通过了北京第二外国语大学英语专业的研究生考试,并且是公费就读。那一刻,我的心随着信封颤抖,我被云彩的励志人生震撼了。云彩让我想起了《平凡的世界》里的孙少平,他和命运短兵相接时的艰辛和勇气无人能敌。他坚毅、笃定,将人性的光辉展现得淋漓尽致。

目标明确、态度坚定,所有的困难都会为你让路。而那些动辄就拿阶层固化、出身卑微来为自己的失败开脱的人,在云彩面前就显得很可笑。很多时候,我们缺少的不是机会,而是像云彩这样的精神和斗志。

03 //

某机构曾做过这样一个调查:当你老了,一生中最后悔的事

经历过依赖的痛，再走向独立的美

是什么？排在第一的是92%的人后悔自己年轻时不够努力，以致一生一事无成。你那么浮躁，即便上帝给你机会，你也未必能抓住，因为你只是看起来很努力而已。

如果过了30岁，还内心浮躁、整日迷茫，那么你的思路必然不够清晰和开阔。如果你屡屡遭遇滑铁卢，就应该静下心来反思一下，因为跟跟跄跄地埋头拉车，不如认认真真地抬头看路。多少人的前半生败给了浮躁，又因此错过了一次又一次宝贵的成长和蜕变？回首往事时，如果只能羡慕别人的人生，自己却无半点闪光的地方，那实属遗憾。

40岁没什么大不了，柳传志40岁刚刚创立联想，任正非40岁还在深圳一家国企上班，波拉尼奥40岁才开始写小说。你要放下杂念，给自己制定一个具体可行的目标，然后努力实现它。

即便前半生倏然离去，我们也应继续努力生活，用心规划人生的下一程。

内心有力量，人生才会有希望

01 //

涛是我的高中同学。高中期间，我常被他玩命的学习劲头折服，遗憾的是他的成绩和付出总是不对等。

高考后他被省城一所民办高校录取。因为在同一个城市读书，所以我们偶尔会见面。读大四时，他鬼迷心窍地爱上了一个法律系的女孩，女孩的颜值、身高以及气场足以甩他八百米远。对于女孩而言，涛分明是"癞蛤蟆想吃天鹅肉"。

一次我受涛委托找到那个女孩，告诉她涛在校内苦等她一天的事情。女孩不冷不热地说，和他不熟，没必要见他。后来涛沮

经历过依赖的痛，再走向独立的美

丧地告诉我，他的手机上收到很多羞辱他的文字，是女孩发给他的。女孩让他不要痴心妄想，说他长得丑、穿着土气，不是她喜欢的类型，警告他不要再骚扰她了，否则会让他好看。至此，涛没有再打扰女孩，像人间蒸发一样逃离了大家的视线。我虽然有他的联系方式，但从未收到关于他的消息。

多年后我接了一个写文案的活，想找人帮忙，鬼使神差地把电话打到了涛的手机上。那天我们聊了很多。我大胆地问涛："还记得当年你喜欢的那个法律系的女孩吗？"涛笑了笑，说正是因为当初那个女孩的无情拒绝，才激发了他直面现实、力争上游的勇气。

读完大四后，涛怀揣着300元钱去了上海，和朋友合伙做起了创意品牌广告商。当时他最害怕客户问他是哪个学校毕业的，在雄心还撑不起梦想时，连毕业院校的名称说出来好像都是一种耻辱。他自嘲地说那时候穷得只买得起一个馒头，自己经常装作洗脸的样子，偷偷趴在卫生间的水龙头上咕咚咕咚地喝自来水充饥。

他说："老同学，你知道吗？我特别感谢她。如果没有她，我就没有现在的生活。我和学设计的老婆携手创办了现在这家餐

CHAPTER 2
内心有力量，才能活得更美

饮连锁公司，估值接近5000万元了。"如今道出这些不堪回首的往事，涛却无比洒脱。

十二年后我再次见到他是在电视节目里，某届新媒体短片节发布会上，他作为资本创意导师出现在电视屏幕里，我留意到滚动的字幕上显示着他身价过亿的信息。

中年发福的涛颇有意气风发、指点江山的精英模样，他早已不再是昔日那个狼狈的穷小子。"不断尝试、不断失败，我就不断调整自己，因为我相信我可以做得更好。"涛无比自豪地说。

是啊，平凡人生的逆袭永远隐藏着血肉模糊的伤痛，但确实生气不如争气。一个人只有内心拥有不甘的力量，才能活得闪闪发光。

02 //

和雅结缘于一个创业交流平台，她在泉州创办了自己的会计教育培训机构。后来，该机构发展成了当地的知名品牌。

我们相约在泉州的一家西餐厅见面。雅看起来身高只有一米

经历过依赖的痛，再走向独立的美

五，眼睛不大，但特别有神。她说话时，嘴角微微上扬，流露出满满的自信。短短一顿饭的时间，我们彼此心生相见恨晚之意。

雅出生在一个重男轻女的家庭。读初二那年，父亲抛出"女子读书无用论"，不再供她继续读书。雅以离家出走的方式对抗父亲，为自己争取到读高中的机会。

读高二那年，父亲再一次无视她年级前三的优秀成绩，彻底断了她的生活费。这一次她心灰意冷，怀揣着50元钱就开始了颠沛流离的生活。她说当时不甘心被父亲那样对待，一点儿也不想在那个家再待下去，但是又不知道去哪里。

20元钱的火车票和绿皮车厢是她对家乡深入骨髓的记忆。她在一个叫石狮的车站下了车。在石狮，她靠着给电脑培训学校打零工挣钱填饱肚子，那年她18岁。

雅做事勤奋用心，别人不愿干的事情她毫不犹豫地包揽。她就这样白天工作，夜里学习，自学了全套电脑办公软件，也因此谋到了电脑培训教师的职位。她说自己什么都没有，也就不担心会失去什么，能吃饱饭就很知足，能被人信任则更欣慰。她深知自己有限的知识储备应对起多样化的教程很吃力，所以自己就下苦功夫研究办公软件自带的帮助提示功能，努力让自己不带疑问

CHAPTER 2
内心有力量，才能活得更美

上课堂。因此，她在业界为自己赢得了良好的口碑。

她靠着自学先后拿下了会计专业大专和本科的学位，并考取了会计师职业资格证，这使她得以转战会计领域。几年的用心沉淀和深厚积累，加上她的真诚，经她指导过的学生考试（初级会计师证）通过率高达95%。因此慕名而来学习的人越来越多，三年下来，她所在的培训学校已经成为同行业的佼佼者。

我试探着说，如果没有你父亲的封建思想，你可能比现在发展得更好。她微笑着回应我说："感谢苦难让我变得强大。起初对父亲我还是憎恨的，但现在原谅他了。只有当你真正宽恕别人时，才能更好地善待自己，何况他还是我最亲的人。"

生命以痛吻我，我要报之以歌。不甘向命运俯首称臣的力量，使得雅的人生历经波折终于闪闪发光。

很多时候，我们缺少的不是机会，而是内心的力量和斗志。

一个人只有内心有力量，人生才会有希望。

还没付出之前,别急着向生活要答案

01 //

曾经常有人问我,为何对写作如此乐此不疲,却不以此谋生?

我能说是因为我在做自己喜欢的事情吗?我能说我的文字吸引了这么多三观一致的朋友,在我心里已是至高无上的收获吗?我能说我在践行一万小时定律吗?

自从我在公众号上推送文章起,短短一年时间就吸引了10万粉丝。不少粉丝与我建立了良好的互动关系,他们时不时催促我更新内容,让我非常感动。但感动之余又倍感不安,我担心自己豪情万丈地开始、悄无声息地结束。孩子、家务、工作……似乎

CHAPTER 2
内心有力量，才能活得更美

都不是理由。但若如此，我不仅会"殇"在文字无声的世界里，还会辜负很多人的期待和热情。

02 //

许多读者给我留言：学会计到底有什么出息？公众号推文需要排版和校对，你还带着一个才几个月大的孩子，你是怎么做到的？

在虚拟的世界里，我感谢她们像信任我的文字一样信任我，其实我明白她们需要的仅仅是一句鼓励的话语、一个信任的表情符号。就像当年我穷途末路时，妹妹对我说的一句话："姐，我总觉得你离成功很近很近。"

这么多年来，虽然有人一直坚持"方向不对，努力白费""没有后台关系，还想升天"等理论，但我始终践行着自己的人生哲学——没有任何一项努力是白费的！很多事情似乎也验证了它的正确性。

其实有多少人当初被人说不行，但是他们的努力证明了"你不行"是世界上最大的谎言。你能相信奥斯卡金奖获得者李安先

经历过依赖的痛,再走向独立的美

生当年听过多少句"你不行"吗?他六年时间里一直待在家,带孩子、买菜、煲汤。你能想象一个私生女、一个曾被表兄性侵的少女,磨砺成脱口秀女王的奥普拉·温弗瑞,多少次被人冠以"你不行"吗?

也许有人会说他们运气好,殊不知运气永远和努力是一对孪生兄弟。

03 //

回忆多年前我经历的一桩桩事情,我惊奇地发现,因果相随不无道理!你的理念、行动、气场,你做过的事、遇见的人……都在帮助你得到你想要的,这更加使我坚信"没有任何一项努力是白费的"!

当年我走投无路时,内心一直在纠结愤恨。平静下来后我选择了重新开始。我制订计划,加强学习,提升专业理论。非财税专业出身的我,靠着倔强拿到了许多证书。现在回过头来看,奋斗本身带给我的意义远远超过了那些证书。那些异常艰辛的过程磨砺了我的个性和意志,更重要的是给了我自信和力

CHAPTER 2
内心有力量，才能活得更美

量，让我觉得"我行"。坦白说，我是一个很激进的人。

我想验证一下自己学习的效果是否能转化为我生存的资本，于是我开始在网上尝试利用语音软件辅导那些想学会计的人。刚开始，我只收了几个本地学生，一段时间后，不断有外地学生加入。

可新的问题来了，一个来自云南的女孩说她听不懂我的普通话，我只能放慢语速努力将普通话说清楚。

后来，我买来普通话教程，拜我读小学一年级的女儿为师。两个月下来，在"小不点儿"的帮助下我终于纠正了多年的不规范发音。

04 //

口口相传的效应甚是厉害，越来越多的人开始知道网上有个叫静水的会计培训老师。"零基础学员也能听懂她讲的会计培训课"的消息一出，慕名来学习的人使我的微信会计学习群一度爆满。那段时间，每天晚饭后我都会准时登录语音软件，当我看到已经有很多人在等待时，心里感动不已。

这场轰轰烈烈的公益活动我坚持了三个月，没有收学员一分

经历过依赖的痛，再走向独立的美

钱，但你能说我没有收获吗？我收获的信任远远超出经济收益，这么多年过去了，我偶尔还能收到一些致谢的小礼物。特别感谢这些网友在虚拟的世界里给我的信任、力量和温暖！

解散会计学习群后，我依旧不甘心安于现状。一次在朋友圈看到一条"某高校招聘财税老师"的信息，我按照上面提供的邮箱投了份简历。我知道现在高校招聘要求的学历至少也得是硕士研究生，因此没有抱太大的希望，我只在简历上写了一句话：如果贵校注重实践与理论相结合，就给我回复。

我意外地收到了试讲的消息，接下来我对着镜子苦练了两天。试讲的时间安排在周末下午，为此我特意准备了上台讲课的着装——雪白的衬衫配上黑色的裙子和黑色高跟鞋。不会化妆的我还特意让朋友帮我画了个淡妆，我像一个奋不顾身的勇士奔赴一个全新的战场。

几天后，当得知我以高分成绩通过了这场工作之外的考试时，我欣慰不已，庆幸自己最初的勇敢选择。

生活从来都是这样。你每次遇到的逆境都是上帝对你的考验，如果你承受得住，它就会送你意想不到的收获。就像地下的河流，你能看清流向吗？但是它在不断流淌的过程中滋润着大地，你没有理由不相信有一天它也能奔腾入海。

起点低还不用心，活该你穷

01 //

最近，一个远房亲戚托我帮她女儿小青找工作。我详细询问了小青的情况：29岁，大专学历，物流管理专业，身高、长相一般；要求找一份月薪不低于4000元，双休，每天上班八小时的工作。

我问她小青毕业后都做过哪些工作。她说小青大专毕业5年了，在电子厂工作过，上班时间太长，挣的钱还不够自己花；还在私人开的药店卖过药，收入也就2000元……在她语无伦次的描述中我提取了这些关键信息。沉思片刻后我回复她说："小青

经历过依赖的痛，再走向独立的美

想要的工作在我居住的城市找不到，你还是问问别人吧！"我妈在一旁听着，为我的"不讲情面"着急，忙抢过电话说："她大姨，我让静水帮小青留意着，一有消息就给你打电话……"

在妈妈放下电话后，我对她说："这种人起点低，做事还不努力、不用心。只有工作挑她的份儿，没有她挑工作的份儿。活该她穷！"

我妈叹息道："唉，你大姨命苦，男人死得早，累死累活供出小青这一个大学生，小青还不争气。我和你大姨是一起长大的姐妹，你多帮帮她吧！"

我说："我给你讲个故事吧。你看看如果你是东家，你会用谁。"

02 //

小宝出生后，一个开家政服务公司的朋友帮我介绍了他们公司的金牌月嫂——魏姐。朋友提出多派一个实习月嫂，不需要我支付报酬，只需一天管三顿饭，给她一个照顾新生儿的实习机会，我没多想就答应了。

CHAPTER 2

内心有力量,才能活得更美

接下来的日子里,实习月嫂张姐就跟着她的老师魏姐在我家工作了。魏姐个头不高,沉默寡言,白皙的皮肤,看不出她已经五十有余;张姐个头足有一米七,皮肤黝黑,发髻高耸,房间里不时传来她爽朗的笑声。

我躺在床上听着两位姐姐的对话,有时会对她们的工作有些意见,可一想到她们做月嫂很辛苦,我便睁一只眼闭一只眼不提了。

实习期魏姐给张姐上的第一堂课是如何洗衣服。张姐说:"衣服谁不会洗啊?我们一家老小的衣服都是我洗的。"魏姐停顿了一下,慢条斯理地说:"既然老板把你委托给我,我就得对你负责,听不听随你。洗衣服首先要分类,颜色深的和颜色浅的要分开,袜子、裤子不能放在一个盆里,婴儿的任何衣服都要单独洗,哪怕是一双小袜子。婴儿的皮肤很娇嫩,他的衣服绝对不能和大人的衣服放在一起洗。另外,洗衣服一定要洗干净。如果你洗完后发现水不是清澈的,一定要再洗一次……"

我住的卧室正对着洗手间的门,我能听得出张姐似乎有些不耐烦,她说:"魏姐你去做饭吧!这些小活我包了。"

魏姐做好午饭后来到洗手间,张姐站起身来自豪地说:"全都洗完了!"魏姐说:"洗完衣服后要用拖把把地拖干净,晾晒

经历过依赖的痛，再走向独立的美

衣服时要记得把衣服展平了……"张姐第一天的实习工作结束了，我感觉魏姐一直在忍着张姐。

03 //

第二天，魏姐教张姐如何给新生儿换尿片，张姐说："这有啥难的？我的两个孙子都是我带大的。"我在一旁默默地观察着她们师徒俩，魏姐一边示范给她看，一边叮嘱道："新生儿换尿片不要掂起孩子的两条腿，对脊柱不好，要侧身把干爽的尿片放进去，再轻轻翻过来，然后包好。还有，孩子刚吃完奶后，即便尿了，也要等一会儿再换，否则容易呛奶、溢奶……"这一切我都看在眼里，魏姐担得起"金牌月嫂"这个称号。

张姐"嗯嗯"地点着头，似有所悟。魏姐给孩子换完尿片就去帮我准备上午的加餐。我给孩子喂完奶，张姐就顺势坐在床边和我聊起了家常。她说她和老公从农村出来十多年了，来到这个城市啥活都做过，吃的苦也不少。如今两人都年近60岁了，却依旧很穷。她听说当月嫂挺赚钱，就报名学习，刚开始想着不就是照顾孩子吗？哪个女人不会？谁知道竟有这么多知识。我说：

CHAPTER 2
内心有力量，才能活得更美

"现在社会分工越来越细，只要有需求就会有人来做这些工作。三百六十行，行行出状元！即便是最不起眼的工作，只要你用心做，就可能成为行业的顶尖人物，还愁赚不到钱？"

我和张姐正聊着，小宝忽然哭闹起来，张姐说可能是尿了。她麻利地解开包被，左手抓住小宝的两条腿，喃喃地念叨着"原来真是尿了"。我顺手递给她一片尿布，她用硕大的手轻松地掂起小宝的两条腿，只听见"哇"一声，小宝把奶呕了一身……

"错了错了，刚刚魏姐才说过不能这样换，孩子吃了奶不到十分钟不能换！"她自责地说。我说："没事没事，什么事都有个适应过程，下次注意点就好了。"我嘴上说没事，心里却很难受。张姐一脸歉意，魏姐把张姐拉到一边轻声说："我们这是在工作，你要少说话多干活，照顾好孩子和产妇是重点，不是请你来唠嗑的……"

04 //

实习到第六天，张姐给我发来一条短信，她说谢谢我不嫌弃她，给了她这个机会，她还有其他事，以后不来了。我礼貌地回

经历过依赖的痛,再走向独立的美

复了她。张姐初来时我就想好了,虽然她是实习月嫂,但每天在我这里也很辛苦,不给报酬我心里也过意不去,她工作结束时,我也要包个红包意思一下。结果还不到一周她就走了,这多少出乎我的意料。

后来我和魏姐聊天才得知,张姐不来的原因可能是生气了,她每次用完湿巾魏姐都会提醒她盖上装湿巾的盒子,否则湿巾就会慢慢变干,说了四五次她依旧记不住。魏姐说:"当时我急了,我就跟她说'你不用心,谁也教不会你'。张姐心里特不服气,觉得我有点小题大做,她没和我顶撞,而是选择不来了……"

"或许她没有觉得这是一份工作,在她的潜意识里,她认为照看小孩子是很容易的事情。如果没有学习的意识和意愿,她到哪里也不行啊!"我叹息着自言自语。

《荀子·荣辱》有云:"自知者不怨人,知命者不怨天,怨人者穷,怨天者无志。"连最起码的工作态度都没有,更谈不上务实的努力了,这种人活该受穷!

后来朋友来我家做客,问我张姐怎么样。我说:"还行吧!她就是上手慢,悟性不太好,没有虚心学习的态度。"朋友苦笑道:"说实话,我很可怜她。因为我觉得你也是从农村出来的,

CHAPTER 2
内心有力量，才能活得更美

又善解人意，能帮到她，所以我才把她介绍到你这里来，让她能尽快度过实习期。她日子过得很苦，整天愁得睡不着觉，全家就靠她当保安的老公每月1500元的收入度日，家中还有个多病的老娘需要人照顾，我真的是想帮帮她。"

"她不能俯下身子踏踏实实做事情，天王老子也教不会她啊！"一向话少的魏姐接过话茬说道。

05 //

我后来听说张姐告别了她们苦苦挣扎了十多年的城市，回老家去了。在我看来，张姐的死穴在于她一直没有意识到自己身处窘境是源于自己的不努力、不用心，而她却把种种不如意怪罪到自己文化水平低、不够聪明上面。同样的起点，魏姐为何能把这份看似简单的工作做到极致呢？因为她拥有良好的职业道德和在工作中锤炼出来的软实力，而且努力学习、用心工作。她知道我有妊娠高血压造成孩子早产的经历，所以每天闲下来时就会关注早产儿护理的最新信息，还会上网查找最适合妊娠高血压产妇的食谱。

经历过依赖的痛，再走向独立的美

据说魏姐的档期排得满满的，许多客户不惜高薪聘请她。但魏姐依旧能做到张弛有度，照顾完一个孩子就停下来休息一段时间，偶尔出去旅游一次，把生活安排得丰富多彩。魏姐38岁丧夫，独自把女儿拉扯大，自己再婚。她凭借坚持不懈的努力，撑起了一片属于自己的天空。而张姐却连一个糊口的工作都难以谋到，这说明了什么问题呢？

听完我的故事，我妈"唉"了一声。在多元化的今天，分工越来越细，只要有需求就有生意可做，也就意味着有钱赚。哪怕你起点再低，只要能吃苦、肯用心，你就值得尊重，就会找到适合自己的工作。像小青这么年轻又有学历的人却还在为工作发愁，还让年过花甲的母亲到处求人，好像全世界都欠她似的。只能说，起点低还不用心，活该你穷！

花开有早晚,需要用爱浇灌

01 //

最近妹妹搬进新家,彻底结束了租房生涯,她力邀我们一家四口到新家做客。大宝和小姨感情很好,强烈附和着要去郑州看小姨,于是我和张先生带着大、小宝出发了。尽管高速上大雨滂沱,坐在车内的大宝依然抑制不住内心的兴奋,她一路上在随身携带的小本本上写写画画,圈点着和小姨约定的神秘计划。

妹妹和妹夫热情地接待了我们。两居室的新家被他们布置得温馨有趣,花草摆放得错落有致。望着眼前的一切,我蓦地想起

经历过依赖的痛，再走向独立的美

那个曾经把我气出眼泪的叛逆少女。

我12岁那年的一个午后，父亲从镇上做生意归来时怀里抱着一个用毯子包裹着的婴儿。他神神秘秘地把我叫到屋角，说："你不是一直想要个妹妹吗？"那一刻我惊呆了！妹妹到我们家那天，刚满20天，皮肤很黑。据说她被亲生父母抛弃了，辗转四五家后，才遇到父亲。

转眼间妹妹上小学了，每次我离家时，她都百般不舍，写好小纸条悄悄放在我的口袋里。那时我在离家20多公里的县城读高中，有一天她太想见我，一个人偷偷跑出去找我，差点把自己弄丢了。她步行到离家十几公里的地方无助地号啕大哭，碰巧被一个亲戚遇到后送回了家，那年她7岁。

她读高三时，我就把她接到了身边。凭着自己的经验和对生活的理解，我开始引导她朝着考大学的方向努力。可是几次月考成绩都出乎我的意料，她真是个不折不扣的差生。无论我怎样鼓励，她都没有考出一次像样的成绩。果然她高考失利。知晓她的高考成绩后，我这个当姐姐的真有种只能仰天长叹的无奈，感觉比自己落榜还难受。她无助地站在我面前，安慰我说："姐，你别伤心了。我不是读书的料，我真的努力了。"

CHAPTER 2
内心有力量，才能活得更美

高考结束后，妹妹在我开的眼镜店里帮了两个月忙，她每天都乐呵呵的，丝毫看不出她内心的沮丧和遗憾。但我心里却很不安，纠结数日后，我决定送她去读书。我对她那种恨铁不成钢的期待和无奈伴随了她三年的大专生活。

临近毕业时我建议她回到我身边，甚至还帮她物色了一份在我看来很适合她的工作，她断然拒绝。她说暂时还不想稳定，想去看看外边的世界。

实习时她去了烟台的一家化妆品公司。骄阳似火的盛夏，为完成推销任务她每天都在烈日下奔波，想想我就心疼。再后来她去了一家大型会计教育培训机构，从招生员做起，拼出的业绩让我看到了她的努力和用心。一年多后她被晋升为招生负责人，我很欣慰，她比我想象的要坚强、勇敢和优秀，瞬间觉得自己的担心纯属多余了。

很多时候我把父母该操心的事情都越俎代庖了，以一个过来人的身份期待她更加务实一些，曾为她不够丰富的知识储备而担心，也为她的社会经验不足而焦虑……

经历过依赖的痛，再走向独立的美

02 //

这次小聚，我把目光聚焦到了她家的精美书架上，各式沟通类书籍，还有穿着打扮的攻略书籍，都被她整齐地摆放在上面。她微笑着自嘲道："人丑就要多读书。"

妹夫是个帅气热情的小伙子，据说是被妹妹的善良和有趣吸引，两人才走到一起的。他和妹妹一起悉心陪伴大宝，在游乐场疯玩了很久。

半年前，妹妹还让我帮她核算薪酬个税金额，说自己学了三年会计电算化还没掌握这个知识点，如今她月薪已超3万元。她的成长速度已经让我难以望其项背。我打趣道："钢铁是慢慢炼成的。"她乐呵呵地回复我："青出于蓝而胜于蓝嘛！"

郑州的房价节节攀升，薪水的涨幅却如蜗牛漫步。当妹妹攒下人生第一个10万元时，她听从了我的建议果断入手了这套两居室。她说我改变了她的人生，如果我能去更大的城市就好了，那样她也能看得更远。我问她当年为什么那么辛苦却死活不肯回来，她说其实那时她想去北上广打拼，留在省城不是她的梦想。可现在她觉得离亲人近些心里才踏实。她说："姐姐，你知道吗？我自带

CHAPTER 2
内心有力量，才能活得更美

幸运光环。从出生到现在，每逢关键时刻都有贵人相助。"

"我做差生好多年，你和咱爸都不嫌弃我，还花那么多钱让我去私立学校读书。虽然我学习成绩不好，但你们从没放弃我，还让我复读。同学们都羡慕我。当然，也有人嘲笑我不过是一个好命的弃婴。我暗自发誓，无论成绩有多差，我都不会放弃努力。我觉得我的勇敢和自信都是来源于你们给我的爱……"

03 //

一个差点被我改变人生轨迹的"差生"的逆袭让我重新认识了选择、奋斗和坚持的意义，也让我在对孩子的教育上有了新的认识。

对妹妹的屡次期待、屡次失望曾让我懊恼不已，我曾骂她是"扶不上墙的烂泥""扶不起的阿斗"。每次我抱怨她不争气时父亲就会提醒我："别小看你妹妹，说不定她以后比你干得还好呢！"

一个在爱中被滋养浸润的孩子，被这个世界温柔相待，内心就会拥有更高的价值感。这会在无形中激发其内在的潜能和斗

经历过依赖的痛，再走向独立的美

志，从而让他变得勇敢又有担当。这种教育方式在妹妹身上得到了有效的印证。我搬家时她因心疼我的腰疾而跑前跑后，我生小宝遇到麻烦时她为我揪心守候……此生有个妹妹真好！

每个孩子都有自己的使命。如果你家也有个让你头疼不已的"差生"，别担心，花期都有长短，人的潜能也一样，绽放是早晚的事。你只需用爱浇灌就好，因为唯有爱是最朴素也是最高级的教育。

我颇认同佛法中的一句"因上努力，果上随缘"，生活如此，育儿如此，人生又何尝不是如此？

你要善良,但不能收起所有的锋芒

01 //

关于"婚姻中男人和女人谁更自私"的讨论,不时成为读者群里热议的话题。多少"白雪公主"被现实逼成悍妇?多少无辜男人又百口难辩?我的观点是:"你是君子,我便是淑女;你是坏男人,莫怪我做悍妇。"这其实和学历、财富没有直接关系,而是和一个人处世的底线及原则相关。

半年前,一个叫水心的粉丝因为一篇我创作的同婚姻话题有关的文章与我相识。她持续不断地向我倾诉她的困惑,并且不止一次地向我表达占用我宝贵时间的歉意,却又不能压抑内心的悲

经历过依赖的痛，再走向独立的美

苦。她说我的文字为她黑暗的生活带来了一丝光亮和希望。也许是因为陌生，也许是因为真诚，也许是因为她和我同龄，所以我成了她精神世界里最信任的树洞。

水心是典型的天秤座女人，心地善良，天真无邪。在她的第一段婚姻中男方无生育能力，善良的她就陪着男人四处求医，并不惜牺牲自己健康的身体，多次承受做试管婴儿的痛苦。无奈造化弄人，他们育儿无果。

屡试屡败后男人变得自暴自弃，酗酒赌博、拈花惹草，还夜不归宿。他常常酒气熏天地回到家，然后开始胡言乱语，甚至对她动粗。男人凶狠地揪着她的头发，将她往墙上猛撞，这噩梦般的家暴成了压垮她精神世界的最后一根稻草。身心经受百般摧残后，水心结束了这段为期十年的婚姻，离开时她只从家中带走了一个自己喜欢的相机。

02 //

后来经人介绍，水心认识了第二任丈夫李强。李强和她同岁，仪表堂堂，和身材高挑、肤白貌美的她很般配。

CHAPTER 2
内心有力量，才能活得更美

李强在一家医药公司做项目部经理，是众人眼中的钻石王老五。水心曾暗自庆幸自己苦尽甘来，迎来了真命天子。

再婚后水心就搬进了李强的豪宅，悉心照顾着李强一家人的饮食起居。水心对李强和前妻所生的女儿琳琳格外用心，从做饭满足孩子的不同口味，到辅导孩子写作业都尽心竭力，她任劳任怨地扮演着一个贤妻良母的角色。

最初的那段时光是幸福的，但又显得不真实。水心说自己仿佛经历了只有小说或电视剧里才有的情节。

一年后，婆婆含沙射影地提醒她，李强已经快40岁了。人到中年的他，地位、名利、金钱都不缺，唯独缺一个儿子。于是，备孕成了水心的生活重心。调理身体，算排卵的日子，营造温馨的气氛……总之能做的她都做了。一年多后，她的肚子没有一丝动静。

她怀着忐忑不安的心情一个人跑到了省城的妇产医院做检查。

拿到检查结果的刹那，她有种被刺痛的感觉。因为和前夫多次做试管婴儿，所以她已经失去了自然怀孕的能力。如果还想要孩子，她只能再尝试做试管婴儿。

万念俱灰的她已经做好了接受上天惩罚的准备。果然不出她所料，李强得知真相后，捶胸顿足，这场婚姻似乎成了他眼中最

经历过依赖的痛，再走向独立的美

失败的一笔交易。

水心说她不想放弃这来之不易的幸福，她恳求李强给自己一次机会。她再次勇敢地躺在了冰冷的手术台上，她的体内被植入了那颗主宰她命运的受精卵，她提前准备了多种早孕试纸，只因为担心测试不准。某个午后她用颤抖的双手测出了那道她朝思暮想的红双杠，喜极而泣。婆婆得知喜讯后对她的态度瞬间转变，在佛像前为她念经祈福，李强的脸上也露出了久违的笑容。

抚摸着日益隆起的肚子，水心孤苦的内心渐渐变得有所寄托。一个人心中充满希望时内心是无比欣喜的。她辞去了工作，小心翼翼地孕育着这个来之不易的生命。

而命运却总是喜欢和她开玩笑，怀孕五个月时她突然肚子疼，李强闻讯赶来，火速把她送进了医院。三天三夜的保胎，等待她的却是胎儿已经心肺衰竭的宣判书。也许用"哀莫大于心死"才能精准地描述水心当时的心情吧！回到家，偌大的房间笼罩着压抑的气氛，唯有床头上挂着的那张她和李强的婚纱照，让她才敢相信这段婚姻的真实性。这突如其来的打击对一个中年女人来说，无疑是晴天霹雳。

CHAPTER 2
内心有力量，才能活得更美

身体康复后的她像一个做错事的孩子，或者说更像一个保姆，除了默默地做家务，就是流泪。此时李强的商人嘴脸在她面前显露无遗，说她是个丧门星。如她所料，离婚协议书很快就摆到了她的眼前。婚后她的名下除了一辆八成新的奥迪A6再无其他共同财产，李强提出把这辆车卖掉，分她3万元钱，然后两人各奔东西。

03 //

她急切地向我求助："静水姐，李强根本就不会给我这3万元钱。我想把这辆车尽快变现，然后远走高飞。我这样做是不是太不厚道了啊？"

"可怜的女人啊，你这哪里是善良，分明就是无脑。你习惯了任人摆布，失去了自己做人的原则和底线，你错就错在把自己人生全部的希望都寄托在了婚姻上。

"人到中年，除了伤痕累累，你一无所有，但若这辈子没有男人、没有孩子，你的人生是不是就过到头了？你记住你至少还有健康的身体。你可以选择继续哭哭啼啼地向外界求助，然后蜷

经历过依赖的痛，再走向独立的美

缩在世界的某一个角落做怨妇；你也可以向内求助于自己的双手和大脑，解放思想，做自己人生的主人。就算失去全世界，你不是还有自己吗？

"你自己情愿跪着为奴，谁也没有办法扶你起来，即便有人想扶你一把，也抓不到你的手。"

我忍不住将一连串的肺腑之言说给她听。

她发来微信视频。视频里，她抽泣着说："静水姐，求求你再骂骂我吧！把我骂醒。""拿到你应得的那一份，果断离开坏男人。也许你还会遇到很多困难，但是要记得，那些无法置你于死地的经历只会让你变得更强大。"我立场分明地告诉她。

两性世界里，你是君子，我便是君子。哪个女人不渴望甜蜜的爱情、和谐的婚姻？哪个女人不期待相敬如宾、灵魂同频的幸福？又有哪个女人不愿意做一个孝顺的儿媳妇、慈爱的好妈妈？

人生的道路很长，女人需要保持善良，但是你的善良须有点锋芒。如果有人践踏你的尊严和身体，请勇敢地对他说"不"。如果你不幸遇到坏男人，请勿动摇你的原则和底线，勇敢地捍卫自己的权益。你依旧要善良，但不能收起所有锋芒！

和内心匮乏的人在一起,你怎么会富足

01 //

朋友玉玲是那种你给她买瓶矿泉水,她就非要请你吃顿大餐的实在姑娘。在我最困难的时候,未婚的她把积攒多年的10万元钱送到我手中,这种信任和真情值得我和她深交一辈子。

玉玲的前夫是个高大帅气的男人。我每次见他,他都是西装革履、皮鞋擦得锃亮,俨然职场精英。他总是戴着墨镜,我很难看到他真实的表情。我曾为玉玲嫁了这样一个有品位的男人高兴,还曾一度为自己遇到情商极低的张先生感到失落。

那天深夜我和张先生正在为要不要放弃单位的集资房指标

经历过依赖的痛,再走向独立的美

争得面红耳赤时,突然接到玉玲打来的电话。电话里,玉玲哭着问我在哪,她说她在我家门前的十字路口等我。我飞奔过去,见她呆若木鸡、眉眼低垂。她开口说的第一句话竟然是:"我离婚了,女儿我自己带,没要他的抚养费。"

原来女人的直觉是很准的,玉玲的男人是个吝啬的人,这就是玉玲好多次欲言又止的原因。回想起不久前,玉玲曾在某皮具店看上一个皮包,我陪她去了好几次,她总是爱不释手地摸摸又无奈地放下,理由是怕男人嫌贵,如果把它买回家,担心会惹他生气。

我毫不留情地批评道:"你的男人就是个小气鬼。再说了,你们的收入还可以,你连买一个喜欢的包包的权利都没有吗?"她忙解释道:"也不是,这不是留着给闺女攒教育费用吗?"听得出这个女人是在自欺欺人,我也只好不拆穿了。

玉玲说这次她铁心离开他,源于她收拾房间时无意中发现的一个家庭支出账本。这个账本上面密密麻麻地记录着自结婚以来有关玉玲花销的各种支出,包括日期、金额、事项,很详细,一共有5万多元。听完她的诉说我出奇地愤怒,想找这个男人理论一番。玉玲叹息着说:"不必了。最后,我还以给他8万元、孩

CHAPTER 2
内心有力量，才能活得更美

子不要他出抚养费为代价，他才同意离婚。"

我为王玲这么多年的委曲求全而义愤填膺，叹息道："当年你就是眼瞎了才找他结婚，男人好看有什么用？"

02 //

这也让我不禁开始审视自己的婚姻。张先生是个沉默寡言的理工男，十年的婚姻生活中，我不知在心里骂过他多少次缺心眼，他以自己认定的方式顽强地对抗着我的霸道。

也许做财务工作的人严谨惯了，我习惯规划家庭的收支，追求金钱效益最大化的思维让他反感和无奈，他声讨着我的无趣。他是一个对金钱没有太多概念的人，他说哪怕再穷，想吃的东西一定要买，否则对不起自己的胃；想看的电影一定要去电影院看，手机上看着不过瘾；想去的地方，刷信用卡也得带着孩子去走一圈。虽然有时候我看不惯他那种做法，但也庆幸自己没有遇到吝啬的男人。

张先生喜欢逛淘宝，有段时间他不吱声就给我买了面膜、包包、打底裤等。以至于我每天下班都能带回来一个有"陪你生活

经历过依赖的痛，再走向独立的美

一辈子"收件人姓名的快递箱，他无比骄傲。我调侃他说，偶尔买我觉得你很有情调，但经常买就太"白痴"了。他也不生气，反倒调侃我是一个不知好歹的女人，孩子似的向我咆哮道"毛病"。我索性把财政大权交给他，他掌管到第三个月时我们家的生活就已经捉襟见肘。这期间他还跑去专卖店给我刷了一件打完折9000多元的大衣，好在被我及时退货。

我一直坚持量入为出，收入和支出相匹配，不喜欢过透支的生活。还完最后一次信用卡，他说："老婆，还是你管家吧！我真不行，刷起卡来管不住自己。"看着他认真的脸，我窃喜自己的目的已经达到。

玉玲多次骂我不知道珍惜，直到现在我才意识到我俩遇到了两个极端的男人，不同之处在于一个男人已吝啬到没救，另一个男人花钱大手大脚但还有救。

无论男女，对待金钱的态度和支配方式都能反映出很多问题。剖析玉玲前夫的做法，那副光鲜的皮囊配置完全是鞍前马后伺候老板得来的赏赐，对待家人的态度反映出的却是其内心的阴暗。

纵观玉玲五年的婚姻历程，其实最初就密布暗礁。玉玲被前夫的风度翩翩和看似有品位的穿着打扮迷得神魂颠倒，不顾父母

CHAPTER 2
内心有力量，才能活得更美

的强烈反对投入了这个男人的怀抱。其实大家心知肚明，因为玉玲的舅舅是市里握有实权的官员，前夫为搭上这个重要的人脉关系，所以才乐意娶她。唯独她坚信他们是因为相爱才在一起的。

玉玲向我哭诉，从怀孕到孩子出生再到上学，他没有给她做过一次像样的饭菜，从没有买过一个像样的礼物，自始至终一直是玉玲的父母在帮忙照顾孩子。即便这样，前夫有时候还会说孩子又不是给他一个人生的，连个男孩都生不出有什么功劳可言？他甚至酒后还骂骂咧咧地抱怨玉玲的舅舅就是个人渣，一个指标不合格就不给签字，什么亲戚啊。

03 //

我一直认为，居家过日子是一门学问。高品质的婚姻至少在精神上是要门当户对的，这样即便婚姻经历风浪，但爱和责任依然是让它继续前行的保障。女人不要习惯用男人舍不舍得为自己花钱来判断他爱不爱自己，你要清楚自己在他心中的位置。

不当家不知柴米贵。能不能把一个家经营好，除了和夫妻双方的人品有关，还和彼此对待金钱的态度有关。通过钱品能看人

经历过依赖的痛，再走向独立的美

品，这不无道理。按照马斯洛需求层次理论，如果你连生存需求都没有满足，就别提自我实现的需求了。我们不要盲目攀比，过好自己的生活最重要。

有的人即便家财万贯，终其一生也是一个不折不扣的穷人。这种人斤斤计较，格局大不过碗口，吃一毛钱的亏就如同割肉。这种穷才是生于骨髓中的毒瘤，得治。

我坚定地向玉玲表达出我的观点，首先对她的勇敢和放弃表示祝贺："你终于可以开启属于自己的人生模式了。对孩子来说也是一种解脱，远离这种父亲对她也是有百益而无一害。对你的父母来说也是一个新的开始，他们终于不用再为你担心了。"

张先生有时调侃我，说我是这些离婚姐妹的心理导师，似乎有力挽狂澜的力量。其实，我深知经济独立、思想独立、人格独立才是一个女人过好一生的三张王牌。那一夜我把玉玲请到我家，和她彻夜长谈。我们谈到将来我们的姑娘要嫁什么样的人，一定要先看男人的金钱观。最后我又补充一句，用心教育好自己的孩子，切莫把她培养成不谙世事的女孩。

孩子身上会自带父母的影子，父母的身教胜于言传，用知识和书香熏陶孩子骨子里的优雅气质，把孩子培养成具有独立思考

CHAPTER 2
内心有力量，才能活得更美

能力和认知能力的人，使其拥有成熟而健康的婚恋观，这比让她考上名校重要。

内心匮乏的人会消耗你的生命，内心丰盈的人却能滋润你的灵魂。女人，请擦亮你的眼睛，别上了吝啬男人的贼船！

这个世界正在惩罚有穷人思维的人

01 //

我真正能意识到穷人思维对人的危害,与我大学毕业时谋到第一份工作的经历有关。那时侯,省城的人才市场人头攒动,五颜六色的招牌,有北上广等大都市的诱惑,也有三四线城市的深情邀约。那时的我不知天高地厚,对未来盲目乐观,对现实没有客观认知,一心想着去大城市打拼,甚至幻想着工作五年开个公司,工作十年彻底改变家人的生活。

舍友们凭借出色的表现,很快都进了银行工作。而我却像热锅上的蚂蚁,急得团团转。几经周折,我收到了北京某集团抛来

CHAPTER 2
内心有力量，才能活得更美

的橄榄枝。我永远都忘不了那个深夜，独自一人坐着绿皮火车抵达北京。

公司在五环外为新员工安排了宿舍，但是伙食费需要自理。结果还没熬到第一个月发工资，我的钱就已经所剩无几。那时真是忐忑啊，闺密打来电话问我工作如何时，压抑许久的委屈化作一颗颗泪珠从我的脸颊上滑落下来。隔天，我又接到了省城一家交通银行的复试通知，等我赶到复试地点时已错过了时机。后来我只能接受现实，阴错阳差地来到Z城一家还算不错的企业。一晃十几年过去了，我渐渐明白，人生没有那么多如果，更多的时候是无奈。

这件事后，我剖析自己当时的心理行为，我必须承认，自己没有逃脱典型的穷人思维的桎梏。多年来，我的日子过得红红火火，但人生首次的重要选择还是在我心底留下了难以磨灭的遗憾。天真的宿命论者认为这就是命，而我却不以为然。我渐渐地认识到这件事情和我经济拮据毫无关系，这分明是一个人的眼界、认知等因素综合后的必然结果。

和我同去北京这家集团工作的那个西安女孩尽管也遇到了和我一样的窘境，却果断地选择了留下来。当然，她的人生现在是

经历过依赖的痛，再走向独立的美

另一番我难以企及的景象。而我在社会这个大熔炉里摸爬滚打了十年，才和她当年的认知水平相当。

穷人思维根深蒂固的人会为了省钱，在面对自己想做的事情、想要的东西时强迫自己违背自己的内心、克制自己的欲望。

打破穷人思维需要把"不得不"的外壳剥离，尽管疼痛，却能让你脱胎换骨。

02 //

作为工薪族，有人说挣钱最好的方式就是省钱，我不认同这种说法。买不起的东西可以暂时不买，但绝对不能将就，这是我和张先生消费观最一致的地方。我之前一直都是穷人思维，我们当年刚领完结婚证时，张先生坚持要去照一套婚纱照，满脑子都是"省钱"的我说免了吧。他说不想亏待我，我这才纠结着答应了他。

大宝出生后，张先生想买一个数码相机记录孩子的童年，见我犹豫不答应，他闷闷不乐了好几天。其实我何尝不想果断入手呢？我思虑再三，咬牙突破了固有的贫穷思维，决定花费我俩一

CHAPTER 2

内心有力量，才能活得更美

个月的薪水来实现这个心愿。毕竟房奴生活总有一天会结束，钱也可以再挣，但孩子的童年不会再有。

了解我们情况的朋友对张先生的消费观竖起了大拇指，却说我就是那个不会享受生活的"守财奴"。有人说钱是女人的脸、男人的胆，没有人不爱钱。但是爱钱的人不是都会花钱，而花钱的方式更能体现一个人的生活态度。

这么多年来，我们家的固定资产都是我坚持要买的，这和安全感构建有关；生活调味品都是他坚持要买的，这和品位追求有关。他的金钱观使得我发自内心地羡慕他的幸福指数，也庆幸自己和一个对钱没有太多概念的人成了一家人。我活得悲壮而充实，他活得洒脱而真实。我俩探讨过原生家庭对一个人贫穷思维的影响，他说小时候他被钱折磨成奴隶，现在他要把钱当成奴隶。

朗达·拜恩在《秘密》中表达的思想我深信不疑。美好的事物需要美好的思想和美好的人才能吸引过来，只有同频率的人才会相遇。

我怀二胎时面临单位绩效考核的压力，导致血压不时飙升，家人一直为我揪着心。为了健康，也为了孩子，在张先生的鼎力支持下，我把前半生的积蓄全部用来创办自己的阅读工作室。

当一个人抛下杂念、全力以赴去做一件事情时，生活就会变得祥和而安静。和穷人思维死磕的这些年，我发现思维贫穷才是真正的贫穷，而爱和感悟是化解穷人思维的法宝。

不放弃,你终将活成自己想要的样子

CHAPTER 3

不停息的奋斗让平凡的人生闪闪发光。生活中摔过的跟头、工作中经历的挫败、人际交往中挨过的耳光,会让一个人变得越来越强大。

我辞职了,从此在自己的世界里闪闪发光

01 //

在递交离职申请书的瞬间,我还是忍不住落泪了。之前想象的种种离别的画面在本能的情感面前顿时化为乌有。一个女孩,从青涩到成熟,从青年到中年,十三年弹指一挥间。初入职场的一幕清晰如昨,我却真真切切地回不去了。我想象着人生的下一个十三年我会在哪里,我又能在哪里。

向领导和同事做了简单的告别,我便匆匆离去,因为我怕我会反悔,我怕纠结上百次痛下的决心会被瞬间的温情瓦解。是的,我就是那个含泪奔跑的孩子,我辞职了!

CHAPTER 3
不放弃，你终将活成自己想要的样子

很多人都怀疑我是不是脑袋进水了，居然会放弃这么好的工作——全国500强企业之一、福利丰厚，在当地说出单位名称就足以掩盖一个人其他耀眼的光环。也有人好心提醒我，在Z城它可是花10万元钱都进不去的单位呀！

在这里，请允许我向我的前单位深深地鞠上一躬，感谢它为我提供的平台，让我的人生价值得以实现。我虽没有大富大贵，但也衣食无忧，还完成了我青春岁月里基本的生活资本积累。有人说我走路带风，永远充满激情，却为何选择在非黄金年龄或竞争期离开，哪来那么大的勇气折腾？

不要妄自评价一个人，因为有些事情你没有亲身经历过就无法真正做到感同身受！做了十一年财务，我却没有机会接触通盘的财税核算流程。大型企业的财务人员就像一颗螺丝帽，螺丝钉的称谓对他们来说都有点奢侈，因为他们只需要把自己负责的那颗螺丝帽拧紧就行了。对于一个追求实现自我价值的人来讲，无论你多么努力，"无过便是功"的激励机制都确实让人有几分痛苦和不甘。

经历过依赖的痛,再走向独立的美

02 //

一个人最痛苦的事情莫过于从事着一份自己并不喜欢的工作,迫于生计又必须长期坚守。这就像出于责任和一个不爱的人结婚,出于理性又不能轻易放弃一样。即使我不喜欢,责任和良心也使我依旧把本职工作做到极致。

在我最迷茫的时候,我清楚唯有努力才不会辜负活着的每一天。我利用业余时间考了注册会计师、中级经济师、高校教师资格证、普通话资格证、证券从业资格证等。我相信没有任何一项努力是白费的,所有吃过的苦、流过的汗,终将内化为我向上的力量,让我拥有更多选择的权利,为我的人生增添更多的色彩。但我更相信,一纸文凭代表不了能力,转化为生产力才是硬道理。所以多年前我尝试创办歪歪语音公益会计课堂,全国各地的学友只因奔着对静水的信赖,使它一度爆满。

我不停息的奋斗让我平凡的人生闪闪发光。生活中摔过的跟头、工作中经历的挫败、交际中挨过的耳光,会让一个人变得越来越强大。再后来,我登上了高校的讲台,成了一名兼职财税老师。当我把自己的专业知识毫无保留地传授给学生时,我收获

CHAPTER 3
不放弃，你终将活成自己想要的样子

的那种尊重感和满足感不是用金钱能衡量的。即便如此，我依旧舍不得离开单位。在准备放弃时我遇到了我人生中的伯乐，因此得以尝试职场第一次的岗位转型，由财务转战营销。跨专业跨部门，意味着我要从零做起。

面对诸多质疑和嘲讽，我没有让期待我的人失望，也没有让嘲笑我的人得逞。我和团队的姐妹一起叫外卖、一起攻克难题。我们就像一群拓荒者，卷起裤管，抡起锄头，在原本贫瘠的土地上披荆斩棘。通过艰苦卓绝的劳作，我的团队终于迎来喜人的收获，彻底结束了一年里有好几个月拿不到绩效薪酬的残酷折磨。

这次转型用蜕了一层皮来形容我一点都不过分。面对全新的领域，我的自学能力又一次得到了淋漓尽致的发挥。因为成长的速度必须跟上绩效指标考核的进度，否则我们只能"望薪兴叹"。前半年我几乎牺牲了所有的业余时间，包括陪伴孩子的时间。我一向光洁的皮肤开始过敏了，我知道这是身体向我发出的透支信号，提醒我亏欠它了。

经历过依赖的痛，再走向独立的美

03 //

  团队在我的带领下干得风生水起，在单位渐露锋芒。恰在此时，我怀上了二胎。但我丝毫不敢懈怠，因为关键绩效指标考核月月都有新内容。仰仗良好的身体素质，我仍旧像正常人一样上班、下班，兼顾工作与家庭。我还能随手装卸团队营销用的物资，挺着大肚子用自驱车运送。但意外还是发生了，我的血压飙升、身体浮肿，后来不得不进行剖宫产。小宝提前两个月出生，那一刻我泪如泉涌。我的努力拼搏差点让我丧命、差点让我失去小宝，我这样努力的意义何在？

  住院期间，我目睹了某高龄产妇命丧手术台的悲惨一幕。她父母撕心裂肺的痛哭让我不寒而栗。我第一次开始思考生命，原来生孩子能要命绝非危言耸听。人们以为的长相厮守，竟然如此短暂，一不小心就成了永别。这让我想起了一段话——弟子问老师："您能谈谈人类的奇怪之处吗？"老师答道："他们急于成长，然后又哀叹失去的童年；他们以健康换取金钱，不久后又想用金钱恢复健康；他们对未来焦虑不已，却又无视现在的幸福。因此，他们既不活在当下，也不活在未来。他们活着，仿佛从来

CHAPTER 3
不放弃，你终将活成自己想要的样子

不会死亡；他们临死前，又仿佛从未活过。"

一个人如果一生都不知道自己想干什么、能干什么，不知道理想的自己是什么样子，心在云端，脚踏泥土，将成败得失的衡量标准拘泥于世俗的评判，而非自己的内心，从不懂得享受做事的过程，那么这样的人生注定会充满缺憾。

做一名出色的老师一直是我的梦想。于是我常常质问自己，高考填报志愿时为什么不选择师范类院校，即使阴差阳错地读了财经专业也可以改行啊！因为那时的我对自己的人生毫无规划，所以任凭理想不断向现实妥协，一路跌跌撞撞，热情有余，成长不足。

我那坚持"做自己"的人生哲学，让试图帮助我成长的人感到头疼和惋惜。某天，一个赏识我的领导把我叫到办公室，语重心长地告诫我："就算你有再多学识，若不懂得为人处世，也难有发展啊！"如果领导把这句话放在两年前对我说，我听后也许会看到自己的顽固与笨拙，会因兢兢业业耕耘这么多年却没有混出名堂而感到遗憾，但现在我不会。

那天我突然有如获至宝之感，原来上天已经让我拥有这么多！有人爱着、有喜欢的事做着、有美好的未来期待着，孩子的

经历过依赖的痛，再走向独立的美

笑脸、父母的叮咛、爱人的理解，这些都是我触手可及的幸福。

04 //

当我每天早上关上家门匆忙赶去上班时，听到小宝在后面追赶我发出的哭喊声，我一度惆怅无比。每天陀螺一样的忙碌状态，让我开始思考关于活着的意义。汪峰的那首《怒放的生命》总能翻腾起我心中的浪花："曾经多少次跌倒在路上，曾经多少次折断过翅膀，如今我已不再感到彷徨，我想超越这平凡的生活，我想要怒放的生命，就像飞翔在辽阔天空，就像穿行在无边的旷野，拥有挣脱一切的力量……"

我试图在工作和生活之间寻找一个平衡点，甚至萌发了回归家庭的想法。我多想用心陪伴两个孩子健康成长，但又不甘心放弃自己的理想。当我把自己的想法告诉父亲时，看到他失望的眼神，我心头一颤。他只对我说了句："一个大学生窝在家里看孩子不是个事儿吧？"

工作之余，我的爱好就是读书写作。因为我是一个不会编故事的人，所以我写的每一篇文章、每一个感悟都源自我的真实

CHAPTER 3
不放弃，你终将活成自己想要的样子

经历。也许正因为我写的内容很真实，所以我经营的微信公众号其粉丝的黏性超出了我的预期，这让我倍加珍惜和感动。但对于文字，我依旧不敢奢望让其成为我谋生的资本，即便已有不少出版商向我发出了合作邀约，也有不少商家找我推软文广告，我都一一拒绝了。因为我深知把爱好作为生意对待，功利会让它变味，甚至会违背自己写作的初衷。

当我看到大宝的作业越来越多、书包越来越重，孩子的阅读时间被挤占得越来越少时，我开始为孩子的教育担忧。小学阶段是阅读能力提升的黄金时期，初中及高中阶段课业繁重，再想兼顾阅读必定让孩子力不从心。我曾经梦想着把家里布置成书香天堂，躺着坐着都有书香相伴的人生，想想就很陶醉。我何不趁此搭建个平台，影响更多的人加入我的书香天堂呢？

辞职意味着切断稳定的经济收入，社保等一系列福利也会就此中断；但如果不辞职，我就只能把余生消磨在单位里。权衡再三，我决定离开，因为我想做一些自己想做的事情。如果再不尝试，我就老了，我不想在年迈之时懊悔自己当初的图安稳。

我辞职了，从此在自己的世界里闪闪发光。

讨好别人不如取悦自己

01 //

我曾看过这样一则新闻:一个22岁的香港女孩,为了取悦男友,试图通过整形把自己整成男友喜欢的明星的样貌。额头、嘴唇、鼻子都动了刀,做了30余次手术后,她完全变了一个人,但仍未让男友满意。后来她终于明白,不管自己怎么改变都不能满足男友的要求,女孩认清这个事实后终于死心,离开了男友。

这个心碎的女孩表示,如果能够回到从前,她绝对不会这样做,并表示以后再也不会去做整形手术了。当谈论到自己现在的外貌时,女孩说:"虽然我现在是一张假脸,但是我有一颗真诚的心。"

说实话,我并没有为女孩整形的次数而感到震惊,却为她的整形动机而深感惋惜。女孩,你这整的哪里是脸,分明是脑。取悦和讨好别人让她迷失了真实的自己,好在她没有一条道走到黑,及时止损了。

02 //

职场上,这种讨好型人格的人比比皆是。

大学毕业前夕我在一家会计事务所实习,负责带我的师傅姓杜。我谨记大学辅导员的教诲:进了单位,多干活少说话,察言观色,手脚要麻利。从实习的第一天开始,我就坚持每天提前半个小时到办公室,先打扫卫生,接着为师傅沏好茶,然后毕恭毕敬地等他"发号施令"。

某天中午,我在单位餐厅吃饭时听见有人调侃我"不愧是老杜手下的兵"。我当时就愣住了,没有听懂这话是什么意思,直到后来我目睹了一场业务差错的风波才恍然大悟。

杜师傅有一个助理小马。小马为人低调谦虚,工作严谨认

> 经历过依赖的痛，再走向独立的美

真，高挺的鼻梁上架着厚厚的近视眼镜，经他审过的表册差错率几乎为零，他是大家口中的"火眼金睛"。

一次，对某上市公司业务进行审计时，小马没有甄别出某笔存在问题的支出，但杜师傅已经习惯了在小马审核后大笔一挥签字完工的工作模式。没过多久，这家公司的一把手被人举报了，而且和这笔支出有很大关系。

那天，杜师傅从他顶头上司王总的办公室出来时脸色铁青，我咬紧嘴唇大气都不敢出，小马更是害怕地低下了头。毕竟这不是一笔小数目，不出意料的话事务所都会连带承担一定的责任。杜师傅把小马叫进办公室，只听"砰"的一声，办公室的门被关上了。此时屋子里掉根针的声音都能听到，气氛紧张又压抑。我坐在座位上一动不动，用眼角的余光瞥见杜师傅正愤怒地盯着小马。

"小马，我跟你千叮咛万嘱咐，对这家公司的业务一定要谨慎，你怎么就不长记性呢？"杜师傅喋喋不休地批评小马，小马不敢有一句辩解。就在此时，杜师傅的电话响了，只见他那张阴沉的脸瞬间转晴，附和着对方说："好的好的，我知道了，王总放心，我会安排好的……"挂断电话，杜师傅又继续批评小马。那一刻，我惊呆了。

CHAPTER 3
不放弃，你终将活成自己想要的样子

杜师傅前一分钟还骂骂咧咧，后一分钟就喜笑颜开，沟通模式在上下级间切换自如。作为旁观者的我心里十分纳闷：就算小马审核不到位，有执业签字权的人是您，想让下属背黑锅也不至于吼骂着找理由啊！

其实那段时间小马的母亲因病住院，他夜里必须在医院陪护，白天还得面对繁重的工作。可他从不抱怨，也从不解释。小马说："我所有的努力，一定是出于职业道德以及个人的责任心。我做好我该做的事情，而不是取悦某个人，我绝不做一个技能精湛却无品德之人。等拿了年终奖我就立马走人，就当没认识过他。"

我和小马心知肚明，杜师傅是为了得到总部那个人人觊觎的职位，才如此费尽心机。聪明的他深知唯有靠着王总这棵大树才好乘凉，还暗自庆幸上天在冥冥中帮他。恰巧王总的父亲突然去世，这对杜师傅来说正是好时机，此时不表现更待何时？他鞍前马后地打点王总父亲的后事，还主动给团队的成员发送讣告，收齐份子钱后就直奔王家。

为上司解忧本无可厚非，但杜师傅为表忠心居然和家属一样戴上了孝帽。王总当时竟也默许了他的做法。

经历过依赖的痛，再走向独立的美

据知情人讲，杜师傅是靠着王总从一个小县城的出纳干到了省城，这几年他更是不惜一切代价地做着王总的私人助手。不管是和王总有关的公司业务，还是王总家里的琐事，似乎都能看到杜师傅的身影。

只是很多人想不明白，单位员工升迁了一批又一批，为什么老杜仍被安置在这个被人遗忘的角落，依旧过着困苦的生活？看着唾手可得的职位，老杜却总是在关键时刻掉链子。最后杜师傅因此事被调离了核心岗位，小马凭着精湛的业务能力跳槽到一家知名的会计事务所，我也离开了这个是非之地。

一个人讨好别人的原因总结起来无非两点，要么天生奴性，要么有所求。有所求又可分为两种：为了诸如人命关天的大事而迫不得已讨好别人；为了追名逐利而讨好别人。前者会受到所有充满正义感和有良知的人的果断支持，而后者只会被大家唾弃。

无论你是属于天生讨好型性格，还是因为有所求才讨好别人，都请记住：讨好别人永远不如取悦自己。因为你越是无底线地讨好别人，别人越会看轻你。

不放弃,你终将活成自己喜欢的样子

01 //

几个月前,微信朋友圈被一篇题为《我的妈妈是个没用的中年妇女》的文章刷屏,点赞转发这篇文章的大部分都是女性。文章很朴实,没有华丽的辞藻,没有矫情的修饰,却句句戳心,给年轻妈妈们打了一针"催醒剂"。

我和这篇文章的作者闻敬是微信好友。闻敬是位职场女性,白天上班,夜晚写文,她同时给几个杂志社供稿。她能写出爆文,跟她经年累月的文字积累,和对身边的人和事的仔细观察、深度思考分不开。

经历过依赖的痛，再走向独立的美

回想起我这几年四处奔波，就一直想努力验证我所坚信的一句话——不放弃，你终将活成自己喜欢的样子！从青涩的学生到公司职员，我在枯燥的财务数据里摸爬滚打了十多年，尽管我十分努力，但也没混出个名堂来，甚至曾一度遭受职场冷暴力。我不甘心就此平庸下去，但在我决定离开时遇到了她。她刚入职这家公司不久，是我的上司。

想着递交完辞职信就要走了，我索性将这几年的经历一股脑儿地讲给她听。

刚进单位的那几年我拼了命地努力，力争把自己的工作做到极致。初入职场的我总想表现自己，但最终我不仅没得到应有的认可，我的付出还被残忍地抹杀了。我呐喊着，彷徨着，恨自己情商低，心中不服输。我甚至钻进牛角尖里出不来：为什么生活会惩罚一个如此努力的人？

慢慢地，我懂了，职场的游戏规则不会因为某个人的努力而改变，努力仅仅是一个基本条件。我该到哪里去？难道我就是那只乌鸦，飞到哪里都改变不了自己乌黑的本色？

我开始翻阅大量的书籍，在自己力所能及的范围内，为自己进行所谓的职业规划——拿下注册会计师证、教师资格证等，要

CHAPTER 3
不放弃，你终将活成自己想要的样子

么进会计事务所做审计，要么去学校教书，或者积累几年经验后开家代理记账的公司，要么开办会计师培训学校。

想想简单，可实现梦想的道路却异常艰难。两年来，我牺牲了所有的业余时间和陪伴孩子的时间，发疯似的挑灯夜战，甚至半夜想起来还有个知识点没弄明白，就立马爬起来翻书查找，直到把该知识点弄懂。张先生无奈地对我叹息道："考这些东西有啥用啊？一把年纪了还这样折腾自己！"我们的生活似乎被我的倔强折磨得千疮百孔。

02 //

看着这些年我用汗水换来的证书，我被自己当年的勇气感动了。虽然当时的我不知道这样做到底有没有用，也不知道这些东西能为我创造多少价值，但我很清楚，没有这些我永远没有跨行的"敲门砖"。

准备辞职之前，我在业余时间已经尝试把家里所有的闲置资金都拿来投资开店，最后赔了个底朝天；也斗胆尝试过登上高校的三尺讲台，体会传播知识被人尊重的自豪感和愉悦感；还拥

经历过依赖的痛，再走向独立的美

有小试牛刀、"码字"成文的幸福感。与生活顽强抗争的结果是我把自己折腾出了疼痛难忍的腰疾……我心疼自己也感谢自己在最困难的时候没有选择沉下去做泥沙，而是选择做涓涓流淌的溪水，滋润着还不够丰盈的人生，这也是我的笔名"静水"的由来。

我滔滔不绝地向上司倾诉着我的辛酸史，她静静地聆听着，像一个久违的朋友，更像我的师长。当我茫然无措地与她对视时，她微笑着表示尊重我的选择，同时也给出了建议："照顾好自己身体的同时，缓一缓，静下心来认真地思考一下得失。另外，学习能力是很重要的。我很欣赏你的上进！一个岗位干够了可以竞聘别的岗位啊，机会偏爱有准备的人！"一语惊醒梦中人，因为她的这番鼓励，我决定收回自己的辞职信，再给自己一次机会。

后来一个偶然的竞聘机会，我告别了十一年的财务生涯，转战到营销岗位。顶着巨大的"干十几年财务的人脑袋早已僵化"的质疑，我像农民种庄稼一样，认真规划每一寸土地，同时期待着丰收。面对跨专业跨部门的转型，那一年我蜕变了不少，硬是把一个棘手的团队带上了正轨。我知道凭着自己的努力已经改变

CHAPTER 3
不放弃，你终将活成自己想要的样子

了不少，也清楚地知道我虽然没有选择离开，但是岁月已经馈赠了我更多选择的权利。

新上司永远都是得体的着装、和蔼的微笑、从容的步履，无论对上级还是下属，她总是流露出真诚的善意。岁月似乎不曾在她身上留下过痕迹，她永远都是那么的优雅、美丽。回首同她一起共事的岁月，她的教诲犹如明灯，时常点亮我的内心。她说："一个人的生活品质和金钱没有绝对的关系。当颜值、身体、心理都是最佳状态时，你可以没有太多的钱，但床单总可以买两条换着铺吧？用花草装点下房间，心情总会很舒畅吧？无论和谁交往，我们总是可以很真诚吧？'美'有时候是一种活着的心态……"

此时，我突然想对自己说："你可以没她有钱、有地位，但你可以选择和她一样有情怀！"

03 //

休假的几个月，我带孩子虽然很辛苦，但依旧不减"偷得浮生半日闲"的乐趣，将"无处安放的灵魂"搬到了"静水人生"

经历过依赖的痛,再走向独立的美

的公众号上,开始了美丽的心灵之旅,和更多的读者分享我的所思所想。短短几天,这个公众号就吸引了许多志同道合的朋友。

虽然我们素昧平生,但是文字却让我们心有灵犀,在虚拟的世界里彼此信任,我也期待我的文字能带给更多人力量和温暖。

在每个年龄段里,我们都可以选择做最好的自己。每个人心中都有自己期待的样子,遗憾的是,最终很多人都活成了自己讨厌的样子。没有人愿意通过你邋遢的外表发现你独特的内在,也没有人愿意接受你华丽外表下的丑恶内心。

我发现我变了,我开始留意自己的发型、着装、身材,用心整理自己喜欢的书籍,收藏好听的音乐,偶尔还会买束喜欢的花装点家中的客厅。生活不应该只是忙碌奔波,还应该有驻足停留的静思;人生不只是风尘仆仆的颠簸,还要有步履从容的优雅。

不断学习和进步,永远都是一个人活成自己想要的样子的必备攻略。只要不放弃,你终将活成自己想要的样子!

愿你不向命运低头,勇敢地活出自我

01 //

硅谷最有影响力的女人谢丽尔·桑德伯格的一段话,贴切地表达了她对这个世界男女地位不平等的无奈。她说:"'平等自由的世界'是一个格调很高的词。如果一个女人想生娃做饭、相夫教子,没有人会说她'不思进取,没有追求';相反如果一个女人一心为事业和金钱努力时,也不会有人说她'大逆不道,行尸走肉'。"在当今社会,这也许是女人最大的奢望了。

想必你对"一个女人家瞎折腾啥""一个女孩家读什么博士"之类的言论并不陌生。说这些话的人,他们对女人的定位似

经历过依赖的痛，再走向独立的美

乎就是，女人不应该像男人那样拼，安分守己就行了。

电影《伊丽莎白》中有一个桥段让我很受触动。年老而絮叨的威廉爵士说："可您是个女人。"伊丽莎白说："但我有一颗男人的心！"

02 //

公众对男性的职业期望普遍要高于女性，拥有成功的事业对很多女人来说都是奢侈品。不知为何，时隔多年我总能想起那本叫《曼哈顿的中国女人》的小说。也许是它让我的人生态度发生了转变。

说起这本书，我们不得不提一下这本书的主人公周励。在20世纪90年代的改革浪潮中，她为追求梦想、活出自己，骑着一辆破旧的自行车，艰难地离开了落后的小镇，最终走向了曼哈顿。她的人生成了传奇，她的不认命最终让她活成了理想中的自己。

女人想做出点事情必定要付出高于男人几倍的代价，可怜的是，这些努力打拼的女人往往还会被贴上诸如"男人婆""工作狂"的标签。更可怜的是，很多女人自欺欺人地相信，她们眼中

CHAPTER 3
不放弃，你终将活成自己想要的样子

的"女强人"都不幸福。

03 //

女人总是被道德绑架。说实话，我曾极其排斥"女强人"这个词，似乎这三个字总能和"命运"联系起来。

我每每与母亲谈起当年我不顾家人反对，勇敢地与老公裸婚的事，母亲就会悄悄地抹眼泪。她觉得我命苦，而且固执地认为，命苦的人即使泡在蜜罐子里也不会尝到甜的滋味。

一天我忍不住问母亲："我那位'贵妇'同学在面对老公出轨时只能暗自落泪，把委屈塞进肚子里，还不得不在婆家强颜欢笑，迎合着那个庞大的家族。虽然她从不缺钱也不用挣钱，但她的命是苦还是甜？我白天上班，晚上带娃，深夜写作。丈夫虽然不是什么精英，但知冷知热，我的喜怒哀乐不用隐藏。只是我不甘平庸，想通过努力去争取更多东西。我的命是苦还是甜？"母亲若有所思地低下了头。

经历过依赖的痛，再走向独立的美

04 //

什么是真正的"女强人"？在我看来，她和强势无关，也和力大无缘，而是根植于内心的高贵和卓尔不群，敢于追求幸福，也能成就自我，有能力过自己想要的生活，也有能力活成自己喜欢的样子。

你可以不相信岁月静好、不相信人生曼妙的风景来自内心的淡定和从容，但你不得不承认，身边那些不认命的女人，无论岁月如何变迁，她们都能保持优雅、美丽的姿态。

勇敢的女人不是心中没有恐惧，只是不肯向苦难屈服罢了，真正的"女强人"是不会认命的。董明珠因丈夫早逝，为了抚养儿子，她辞掉了稳定的工作，南下广东，入职格力。她从销售员做起，兢兢业业数十年，最终成为格力的掌门人。

作为女人，你可以没有董明珠那样的魄力和勇气，但你的人生刚刚驶入高速路入口，别急着找出口。不然，你只能活成那个认命的女人。

CHAPTER 3
不放弃,你终将活成自己想要的样子

05 //

在《超级演说家》的舞台上,我关注了一个叫雷庆瑶的折翼天使。她靠着和命运抗争到底的决心和勇气,活成了旗袍女神——东方维纳斯。

我还因一个叫董丽娜的中央人民广播电台盲人主播的故事而深深折服,她说:"命运虽然给了我一双看不见明天的眼睛,但它却没有给我一个看不见明天的未来。"和岁月经历了残酷的搏斗后,她活成了不认命的女人。

我们可以接受命运的特殊安排,但我们绝不接受自己还没开始奋斗就过早地被人生宣判"死刑"。不要把自己的梦想逼上绝路,你要相信你的潜能比你想象中更强大。认命的女人啰唆唠叨,一天到晚谈论的尽是家长里短;不认命的女人果断干脆,关注的都是时事热点。认命的女人拼命地为捉襟见肘的窘态找借口,不认命的女人努力地为优质的人生积攒养分。

愿你不向命运低头,勇敢地活出自我!

我40岁摆脱家庭妇女身份,从月薪2000到月薪3万

01 //

这是一个读者在微信上给我讲的她的故事。她想通过她的故事告诉更多的人:其实,现实没你想象的那么糟糕,人生也没有那么多阴霾。

我叫苏晨,今年40岁。我出生在河北省邯郸市一个贫穷的小村庄,在家中排行老大,下面有两个弟弟和两个妹妹。从7岁开始,我就在灶台边烧火、踩着小板凳做饭。农忙时父母在地里干活,我在家照看弟弟妹妹、喂牛,并去场院里看护收割回来的庄稼。

CHAPTER 3
不放弃，你终将活成自己想要的样子

等我再大一点时，因为心疼父母，让大妹负责照看小弟小妹，我则去地里帮着干农活。我还学会了开拖拉机、犁地、耙地、用架子车往家里拉粮食，村里人都说没见过像我这么能干的闺女。我小小年纪就有一颗倔强的心，不服输、不放弃。凡事都冲在前面，为父母分担了不少压力。

那时家里刚安装了自来水设备，自来水公司每周送一次水。那是深秋的一天，天气很冷，父母都在地里忙碌。我一个人接水，然后往水缸里倒。可是因为我力气小，提不动水桶，所以只能用小盆接。当我把家里的水缸接满时，我的裤子和鞋子都被从小盆和水缸里溅出来的水打湿了，手脚被冻得冰凉。

我的童年就是在弟弟妹妹的哭声、农忙时节匆匆的脚步声中度过的，以至于到现在我的梦里还经常会出现这样的场景：家里的大骡子撒欢时，我无论如何都拽不住缰绳，气得眼泪都流出来了。

我自幼学习刻苦。那年中考，我考虑家境一般，于是报了中专（中等专业学校）。收到录取通知书那天，父亲高兴得像个孩子，直说我家大妞太厉害了！

在那个年代，农村女孩考上了中专，就意味着提前端上了铁饭碗。日子就这样不紧不慢地过着。18岁那年，我中专毕业后到一家中外合资企业实习。在这里我认识了杰瑞，后来他成了我的丈夫。

经历过依赖的痛，再走向独立的美

02 //

杰瑞为人真诚，工作勤奋，又是单位为数不多的大学生，因此他深得上司郭叔的赏识。我跟郭叔的女儿是同学，也是闺密。郭叔欣赏我的上进，就主动为我和杰瑞牵线。就这样，我成了杰瑞的女朋友。

三个月后，我们就领了证，用现在流行的话说我们属于闪婚兼裸婚。当时，我们俩没有一分钱存款，还有外债。

第二年我的女儿出生。父母那边，小妹还未入学，两个弟弟也才刚读小学，大妹读初中。我坐月子期间，母亲照顾了我一周就匆匆回家了，因为家里有一大摊子事等着她忙碌。但无论多忙多累，我们一家人都相亲相爱，这也给了我无穷的奋斗的动力。我觉得人只要始终保持一种积极向上的力量，困难都会让你三分。

工作上，只要单位需要加班，我和老公就会主动留下，因为我们太需要钱了。除了还外债，还要贴补双方父母的家庭。就这样，三年下来，我们终于还清了外债，女儿也到了上幼儿园的年龄。因为老公聪明能干，所以升职加薪了。我们的好事一桩接着

CHAPTER 3
不放弃，你终将活成自己想要的样子

一桩。这期间，妹妹考上了重点高中；弟弟以年级前三的好成绩升入初中；年龄小些的弟弟妹妹也不甘示弱，以哥哥姐姐为榜样埋头苦读。

虽然我也时常帮扶娘家，但我没有活成电视剧《欢乐颂2》中的樊胜美，因为我的娘家人懂得感恩，他们知道我的不容易。每次回家，父母对我都是"见面怜清瘦，呼儿问苦辛"。因为有爱，一家人的日子虽过得清贫，但乐在其中。

参加工作的第七年，杰瑞的工作有所调动。父母听说我们要去东北工作，心里着实难过，一是不舍得，二是不放心，怕我们在外地被人欺负。后来，我给二老做思想工作，我说我不想让杰瑞在小地方待一辈子，我们还要考虑女儿的未来，有机会就应该让他去闯，我不能拖他后腿。

其实，我知道父母除了不舍，还有一丝顾虑，就是杰瑞的步子跑得太快，他们担心我跟不上。但我从不觉得自己比他差，我唯一的短板只有学历。就这样，我把杰瑞送上了北上的列车。等他稳定下来，我便带着女儿去了沈阳，一家三口得以团聚。

经历过依赖的痛，再走向独立的美

03 //

在沈阳工作的第三年，勤奋的杰瑞遇到了伯乐。在一位年轻有为的泰国老板的引荐下，杰瑞进了集团公司。不久，他再次面临工作调动，这次他要前往长沙报到。那一年，女儿已满10岁，杰瑞像一只候鸟飞来飞去。

我不想离家那么远，思虑再三，决定在石家庄买房定居。就这样，我在家一边照顾孩子一边工作。这是婚后的第十一年，我们开始了长达七年之久的第二次异地生活。

朋友善意地提醒我，很多婚姻都"死"在了夫妻异地生活上。我笑而不语。

我和女儿留在石家庄，杰瑞去了长沙。不久，新房交付，孩子开学。白天送完孩子上学后，我就骑着自行车往建材市场跑，为了不浪费材料又确保装修质量，我亲自去买材料，自己做监工。

四十天后，新房装修完毕，这是我们拥有的第一套房。第二年元旦，我们正式搬进了新家，我终于结束了住公司集体宿舍的生活。杰瑞归来，看着宽敞明亮的新家，再看看黑瘦黑瘦的我，

CHAPTER 3
不放弃，你终将活成自己想要的样子

心疼地把我们娘俩搂在怀里。

这件事后来也成了杰瑞炫耀的资本。他不止一次说，他离开时还没见到钥匙，归来后却看到了漂亮温馨的家。老婆能干，男人真省心，也有更多精力努力在外面打拼。

这期间公婆生病住院，因为我们在省城，医疗条件好一些，所以把二老接到身边。杰瑞因工作忙抽不开身，所以尽孝的事我全部包揽了过来。婆婆病危，我在医院日夜陪护，寸步不离，但婆婆还是离开了人世。

彼时，我们收入有限，看着透支的信用卡，看着医院打出的每天6000多元的缴费单，再看看被病痛折磨的老人，我的眼泪快要流干了。

04 //

在女儿读高中住校后，我辞了那份看似稳定但薪水微薄的工作，跟闺密合作加盟了一家品牌服装店。苦苦经营三年，现实未因我们的不懈努力而给予丰厚的回报。坚持到第四年时，厂家的签约制度变得越来越苛刻，于是我们果断选择了关门。我就这样

经历过依赖的痛，再走向独立的美

结束了三年的创业生涯。

婚后的第十八个年头，杰瑞终于调回了石家庄，他看我太累了，心疼我，劝我好好休息一段时间。但我依然未停下前进的脚步，应聘到一家贸易公司做业务员，这也是我之前熟悉的工作。由于我需要经常出差去开发客户，杰瑞怕我辛苦，不赞同我做这份工作，我认真地跟他讲："给我一段时间，我能做好！"

刚开始跑业务，我开发的客户大多是工厂。这些工厂一般分布在城乡交接处或者城市郊区，很偏僻，但我每次去都舍不得花钱打车。很多次赶不上公交车时，我就拦农用三轮车。最惊险的一次，我在唐山上了一辆绿化施工车。

上车后，有个男人说话轻佻，我感觉自己身陷险境，赶紧撒谎说自己到了要去的地方，还没等车子停稳，我便飞快地从车上跳了下来。这时天黑了，我一个人在路边寻找住的地方，惊魂未定的我不停地给杰瑞打电话壮胆。还有一次，我去拜访一个客户，差点被他家的狗咬伤，客户的老婆还振振有词地批评我怎么那么不小心。

付出总有回报，经过许多的挫折，受了不少的委屈，我的人生终于迎来转机。一次我给一个客户送资料，在他家遇到了我读中专时的同学。我的这位同学，如今已是市内有名的企业家，他

CHAPTER 3
不放弃，你终将活成自己想要的样子

为人低调，一言九鼎。后来，在他的帮助下，我做成不少业务。工资自然也水涨船高，从五年前的月薪2000元到现在的月薪3万元，我也从一个普通业务员成长为公司的销售经理。我的生活终于苦尽甘来。

苏晨的故事讲完了，她的经历让人唏嘘。一个出身贫寒的人，硬是凭着自己的努力和坚持，走上了人生巅峰，实现了财务自由。其实，不管是谁，什么出身，只要肯努力，不轻言放弃，都可能改变自己的命运。

你都不敢做自己，还谈什么人生

01 //

如果一个人今天被一段文字影响，明天被一种观点左右，后天被一个事件牵动，时时忧心忡忡、忐忑不安，说明他是个没有独立思考能力的人。

生活中有不少这样的人，表妹就是其中之一。今天有人说她婆婆对她不好，她回家就会阴沉着脸；明天有人说她婆婆真好，她马上面露喜色。她简直就是"无脑族"。她认为，别人的话都是对的，每一句都深信不疑。不但如此，她还会把自己"聆听到的教诲"堂而皇之地发朋友圈"昭告天下"。

CHAPTER 3
不放弃，你终将活成自己想要的样子

自从成了自媒体人，我又多了一个认知世界的窗口、品味生活的通道。每个自媒体人的阅历不同、对生活的认知不同、在业界的影响力不同，其文章诉求、思想境界也截然不同。

一个有良知并且对读者负责任的自媒体人，绝对不会为吸引读者眼球而成为"皮囊式"的"标题党"。不是所有人都有足够的辨别能力，有时一段文字能将沉睡的人唤醒，也能将激进的人变得更激进，甚至酿成悲剧。

有人说我是完美主义者，做什么事情都很较真，我听得出其中的赞美、嘲讽。还有人嘲讽我："你那么能干，在国企上班那么久，怎么也没得到个一官半职？"遇到这样的人，我会和他保持适当的距离，或者置之不理。

我的人生我做主，不需要别人说三道四，因为我知轻重、有分辨是非的能力。我一定会通过努力过上自己想要的生活。

02 //

李开复说过："人生在世的时间非常短，如果你总是不敢做你想做的事，那么一生过去了，你留下的只有悔恨。"

经历过依赖的痛,再走向独立的美

夜深人静时叩问自己的内心,我到底想做一个怎样的人?想过怎样的生活?听着儿子咕咚咕咚的喝奶声,我想着已不再年轻的自己,突然脑海里蹦出一个词——奇葩。它源于自己曾经堪称奇葩的经历。刚入职场那几年,无论多么努力和用心,工作做得多么完美,在年底的绩效考核中我都会给整个部门垫底,拿不到一分钱的奖金。有一年,我因为此事和单位领导大吵一架,说他徇私情,把我应得的钱给了部门其他人,我的理由是对方是他的亲戚。

多年后我突然释怀了。我戳到了他的软肋,被误以为是以下犯上、目无领导。而今我由衷地感谢这段奇葩的经历,是它鞭策我迅速成长。渐渐地,我知道自己想要怎样的生活,也清楚自己能做什么事情。在我看来,这是对人生认知的一大进步。奇葩的固执变成了柔和的坚持,越来越多拉不直的问号变成了长长的省略号,我感叹健康而幸福地活着是如此美好。

我哪有那么多时间去憎恨别人?哪有那么多精力去纠结过去的不开心?我只需要做好自己就很好。凡是失去的,不管是金钱,还是其他的东西,总有一天都会以另一种方式得到。

然而我必须承认,真正的安全感和金钱有一定的关系。但根植于内心的思想独立、人格独立、经济独立意识,才是一个女人

CHAPTER 3
不放弃，你终将活成自己想要的样子

真正获得安全感的王牌。

不管是看得惯还是看不惯的事情，它们都不会因为你个人的意志而改变。但你要学会慢慢与自己讲和，勇敢地做自己，略过所谓的薄情，拥抱真正的深情，进而改变自己，这是最大的幸运。

其实我的要求并不多，回家有热腾腾的饭菜、可爱的孩子、干净整洁的房间，并不浪漫却很实在的感情，足矣。

03 //

《简·爱》里说，若你避免不了，就得去忍受。一个人不能忍受生命中注定要忍受的事情，就是软弱和愚蠢的表现。你是否有勇气去追随自己内心的声音，为自己活一回？当然，我不是在怂恿你追求不切实际的目标。比如有些文学玩票者，连起码的努力意识都没有，却自称追梦人，这不免有点可笑。无论做什么事情，一个人都要脚踏实地，既要从实际出发，又要懂得勤勉上进，否则，栽跟头是早晚的事。

当你的能力匹配不上梦想的时候，所有的豪言壮语都抵不上

经历过依赖的痛，再走向独立的美

给自己一个具体而真实的目标。你需要继续跋涉和努力，忍受痛苦和泪水，但这都将成为你日后成功的资本。

这些年，我像一只蜗牛，背着沉重的壳，两只触角不时被现实残忍地抽打，在漫漫人生路上艰难跋涉。但我坚信，只要心中有梦，不断努力，就没有过不去的火焰山，就没有到达不了的彼岸。作为努力中的自媒体人，我坚持阅读和写作，相信终有一天我能过上自己想要的生活。

我把自己弄丢了,想找回来

01 //

此时已是午夜零点,我没有一点倦意,回味着一天的收获,心中涌出一种莫名的幸福感。我曾经的梦想是能有一间大房子,可以布置成我喜欢的样子,装满我喜欢的书籍,我无论躺着还是坐着,都有书香萦绕。我想写作时就能随手写下一段文字,想读书时就能找到想读的书。漂亮的落地窗前生机盎然的绿植随风摇曳,我有空闲时间就邀三五好友喝茶聊天……

我似乎看到一个迷失太久的孩子,迈着战战兢兢的步伐,恐惧地朝着心中的圣地一步步走去。

经历过依赖的痛，再走向独立的美

年近40岁，我突然意识到我把自己弄丢了。很多时候，我都不能追随自己的内心而活，变得越来越不像自己。怀着一个发财梦，跌跌撞撞地走到今天。我哭过、笑过、纠结过、迷茫过，但从没放弃过。

如果人生能够重来，我不会选择将做财务作为我的第一份工作。十三年的财务工作经历，愣是把一个风风火火的女汉子磨砺成了一个思维严谨，甚至有几分僵化的财务工作者。

我很钦佩自己固执起来不要命的精神、不撞南墙不回头的倔强劲儿。因为骨子里的责任感，我把本不适合自己的工作依旧做到了极致。

人生短暂，一生做好一件事就已经很了不起了。我却那么贪婪，想把每件事情都做好，所以我的内心总是充满焦虑。由于自身认知的局限性，我的职业规划做得也不好。

迫于糊口的压力，身不由己是很多职场人的处境。我可以逼着自己从一个会计门外汉拿下注册会计师证，这虽然不是自己真心喜欢的事情，但这段奋斗经历让我拥有了更多的选择权利。

我曾经不知道自己想做什么，也不知道自己能做什么，这不能不说是一种悲哀。一个人若对自己没有客观的评判、对职场没有成熟的认知，他的生活必定是混沌而茫然的。

这些年，我就像一个驰骋疆场的勇士，攻克了一个又一个堡垒，打破了一道又一道防线。我又像一只蜗牛，别人看到的总是我背上坚硬的壳，而那些我藏起来的软弱只有自己知道。

02 //

这些年，我的每一次尝试，都付出了代价。兼职开店，我把自己和张先生一年的工资全赔进去了；创办歪歪语音公益会计课堂，我把晚上的亲子时间全部免费奉献给了学员；为了让女儿安心读书，我在她就读的学校旁边租了房，搬家时，差点把张先生累瘫。

张先生笑说，我是上天派来折磨他的冤家。总之，全家人都跟着我的节奏走。

25岁时，我没有认真思考过生活；30岁时，我才知道25岁是多么宝贵的黄金年龄；35岁时，我不知道30岁是多么年轻；直到39岁，我才发现人生已过去了一半。

长久以来，我一直被一种焦虑的情绪困扰着，张先生总说我

经历过依赖的痛，再走向独立的美

财迷心窍。不过，我觉得真不是钱的问题。除了本职工作，业余时间我不会拒绝任何一次赚钱的机会。到底要赚多少钱才能让我有足够的安全感？坦白地说，我不知道。

花香四溢的四月，张先生邀我和孩子去公园散步，我果断拒绝，因为我要备考注册会计师，没时间闲逛，我从没考虑过他们父女俩失望的心情；父母打电话给我，我总是说不上几句话就挂断，转身去忙其他"重要"的事情。婚姻中，我把妻子的角色弄丢了；亲情中，我把女儿的倾听者角色弄丢了。

没有方向感又没有仪式感的女人，会让人觉得无趣。那段时间，我心里总觉得哪里不对，像汽车在高速公路上找不到出口一样焦急。

直到去年夏天，经历了一场生死考验后，我才开始思考自己的生活。当时，我应邀参加一个根本不想去的饭局。走出家门时，下起了雨，我开着车冒雨前行。在一个路口转弯处，我的车与迎面驶来的一辆卡车相撞，我瞬间倒在血泊中，在医院抢救了几个小时才脱离危险。长久以来，我为了经营好和朋友的关系、为了给别人留下好的印象，没完没了地参加那些毫无意义的聚餐，在觥筹交错中虚与委蛇。

CHAPTER 3
不放弃，你终将活成自己想要的样子

我知道这不是我想要的生活、不是理想的人生。我认可的理想的人生，应该是做着有趣的事情、有人爱着、对生活有美好的期待。

出院后，我向张先生说了自己的想法。我想建一个"书香天堂"，期待能影响更多的人践行我倡导的"阅读改变人生"的理念。沉默寡言的他，虽然嘴上一百个不愿意，却在行动上一直支持着我。

我们开始换房子。也许是上天赐福，我们很快找到了合适的房源。就像每个孩子都渴望自己住在童话里的城堡中一样，我想用自己的双手搭建一座属于自己的城堡。我联系工人刷墙，换墙角线，定制书架，采购自己喜欢的书籍……一个月后，我想要的城堡终于显现出了我期待的模样。

一对可爱的女儿、一个热情可靠的丈夫、一群志趣相投的朋友，我感觉自己就像女王一样，坐拥天下财富。新布置的书房，虽不奢华，却很温馨。我的内心开始变得柔软起来，我似乎把丢失的自己找回来了。

经历过依赖的痛，再走向独立的美

03 //

生而为人，你如果不清楚自己能做什么、想做什么，就很难对人生有明确的认知，跌跌撞撞的步子也永远会缺乏稳定性。一个人倘若怀着向死而生的人生态度，就会无比珍惜自己拥有的一切。

陪伴对一个孩子有多重要，我是生了小宝后才意识到的。我每天出门去上班，小宝就会望着我远去的背影号啕大哭。每到此刻，我内心就会十分惆怅，也许是因为生她本就不容易，所以才倍加珍惜这个来之不易的小家伙。

大宝6岁前都是由她奶奶照顾，以致我独自带她时苦不堪言，觉得她耽误了我太多精力。我不得不承认我没有认真地陪伴她走完童年时光。

小宝满月后，月嫂就离开了。我开始沉下心去做好对她的每一次护理，我每天按照月嫂传授的方法给她抚摸、擦洗。这个在我身体里只有34周就来到人间的小天使，被我照顾得白白胖胖的。

我突然意识到，一个合格的母亲最基本的素养，就是心甘情

CHAPTER 3
不放弃,你终将活成自己想要的样子

愿地陪伴孩子,高质量的陪伴能让孩子觉得整个世界都是踏实而美好的。

进入小学高年级的大宝因为我武断地为她转学,她少学了两年半的英语。她的英语词汇量积累得不够,导致期末考试考得不是很理想。她伤心不已,我知道她在成长中遇到坎了。不过她很倔强,像极了小时候的我。

我是在孤独中长大的孩子,从没深刻地去感受和理解过孩子的痛苦,而让孩子复制父母的童年又显得太不人道了。

一个有灵性的孩子,小小的内心总是会装着很多的思想。她可以用两张小纸片和一个小瓶盖做成简易的玩具逗妹妹开心,也可以用一张彩纸折叠成各种贺卡或书签送给妈妈……

可她每次的倾诉都被我敷衍过去了。我把妈妈的角色弄丢了,我想找回来。

如今,我会花很多时间来陪伴家人、经营生活。工作之余,在我的"书香天堂"眺望一下心中的诗和远方,感受岁月静好。

有智慧的女人活得才漂亮

01 //

男人说:"我本来不会生气的,因为你说了某句话。"
女人说:"那么你为什么先说那句话呢?"
追算不清,可能又会小吵一次。

读《围城》时看到这段话,不由得感叹钱锺书对婚姻的领悟之深刻,用画面感十足的对话真切地呈现出婚姻中大多数男女吵架时的情景。

在我看来,吵架时最先闭嘴的那个人一定是聪明人,也是一个理性的人。女人天生感性，若在吵架时能懂得及时闭嘴，确实是一种智慧。

小吵伤情，大吵伤心。很多婚姻在开始的时候并没有原则性的问题，为什么到后来男女双方竟会水火难容，甚至不止一次萌发出想要掐死对方的冲动？

其实，无论女人自身有多么强大，在某种意义上，都是弱势群体，在婚姻中受伤的也多是女人。

我最近在看江西卫视的《金牌调解》节目，内容都是关于家暴、纠纷、出轨、折磨等诸多婚姻问题的，让人触目惊心。真可谓"一千个人有一千种人生"，幸福的感觉都是相似的，不幸的事情却各不相同。

接连看了十多桩被调解的问题婚姻，我不由得为一些女人感到痛心。没有底线的纵容和原谅，只会助长对方得寸进尺的贪婪和狂妄。更可气的是，有些女人被家暴到皮开肉绽的程度，居然还在以"为了孩子"为借口将事情掩盖下去。她们除了声泪俱下地控诉男人对自己的种种不公，仍然看不到婚姻问题的症结所在。

同为女人，作为旁观者的我直冒冷汗。我在反思，婚姻亮起红灯，难道都是男人的错吗？明明一副好牌，却被那些女人打得稀烂。殊不知，她们的婚恋观都已经歪到十八里之外了。

经历过依赖的痛,再走向独立的美

02 //

大表妹夏荷是一个充满智慧的女人,她的故事常常被亲戚们当作爱情和婚姻范本来教育孩子。对她当年的择偶眼光以及面对婚姻危机时的化解能力,众姐妹都自叹不如。她和丈夫李逸阳的浪漫情史堪比简·爱和罗切斯特的爱情,唯美、曲折又有味道。

起初,夏荷选择和李逸阳在一起时,很多人都不看好,唯有她坚信,李逸阳是值得她付出的。

夏荷身高一米六,皮肤暗黄,嘴角还点缀着两颗显眼的雀斑,笑起来眼睛眯成一条缝。只有穿上得体的职业装、梳起丸子头,才勉强有白领的模样。

那年春节,她带着男朋友李逸阳回家见父母。初见李逸阳时,我们都惊呆了,他一米八的身高,眼神温柔,高挺的鼻梁上架着一副眼镜,一副彬彬有礼的样子。

接着,亲戚们嘀咕开了。在他们眼里,夏荷和李逸阳长久不了,毕竟两人看起来是如此的不般配。

后来,我听母亲说夏荷在众亲戚的质疑中嫁给了李逸阳。一直到夏荷有了孩子,她父母多次去南方探亲也没发现什么不对,

CHAPTER 3
不放弃，你终将活成自己想要的样子

二老才完全放下心来。

夏荷虽然长相普通，但做事很有智慧。婚后，她和丈夫李逸阳回到了他的家乡，帮助公公经营油漆生意。她孝敬公婆，勤奋真诚；对待工作，一丝不苟。在她的一手操持下，家里家外井井有条，她不但赢得了老公的尊重，还得到了公婆的认可，被婆家人称为"福星临门"。

他们的油漆生意越做越大，从老家到省城，开了不少门店。

03 //

不料在生意做得风生水起时，李逸阳却以出差为由，频频私会大学时的初恋。

面对丈夫的不忠，夏荷把所有的委屈咽到肚子里。她以提升对外贸易水平为由，向公公申请去国外进修半年。

那半年的时间她几乎全部用来提升自己，并没有理会丈夫李逸阳。

知道实情后的公公并没有埋怨夏荷，直接批评了儿子一通。李逸阳意识到自己的错误，无数次打越洋电话向夏荷道歉，夏荷

经历过依赖的痛，再走向独立的美

没数落他一句。

夏荷回国后，全家人为她接风洗尘，就像李逸阳的出轨从没发生过一样。这个处事云淡风轻的从容女人，硬是将一副不被看好的牌打得很漂亮。

我问她："当初面对家人的质疑承受那么大的压力选择嫁给李逸阳时，你就不怕失败吗？对他的出轨难道你真的不在乎吗？"她的回答让我十分震惊。

"你以为我没有受过委屈？你以为他刚开始就那么欣赏我？你以为公婆当初一点也不嫌弃我？你以为他出轨我不心痛？可是人是自己选的，我也清楚他最欣赏我什么。与其痛苦和哭闹，还不如静下心来让自己成长。"

她说："初识李逸阳是在一次同学聚会上。吃完那顿饭，我就打定主意，一定要让他爱上我。"

那天做东的同学因为路上堵车迟到了，李逸阳就招呼大家先点菜。他把菜谱挨个放到同学们面前，并热情地为大家介绍饭店的特色菜，包括口味、色泽，甚至每道菜的由来。选择座位时，他选择了靠门的位置，说方便服务大家。用餐快结束时，做东的同学去结账，却发现李逸阳已经付过了。那顿饭因为有他张罗，每个人都吃得津津有味。

我说:"通过一顿饭你就定了终身大事,这是什么理由啊?"

夏荷笑着说:"表姐,你不觉得这是一种能力吗?这顿饭让我觉得他是一个懂得尊重别人的人,也是一个有趣的人。有趣的男人谁都喜欢,但是能让他爱上的女生却并不多。"

她说那时没有微信,QQ刚开始上线,她就时不时地在QQ空间里写日志,为自己制订计划,一步一个脚印地走下去。她拿下了北京一所高校的双学士学位,还通过了大学英语六级考试。

后来的后来,就有了她和李逸阳的浪漫爱情……

04 //

她觉得李逸阳和自己一样,是个有主见的人,而且他欣赏自己的独立、理性、上进。在大学校园里,别的情侣周末都忙着约会看电影,他俩则在图书馆一起读书。毕业前夕,很多人已经按捺不住内心的浮躁,每日聚会、玩耍,他们却还在冷静地讨论是留京谋职还是回乡创业。

我问她:"对于李逸阳私会初恋,你是怎么想的?"

她说:"对于一个有责任感、敢于担当的男人而言,当他的

经历过依赖的痛，再走向独立的美

人生偏离轨道时，他最终一定会做出理性的选择。此刻，我的沉默和暂时离开对彼此才是最好的选择。得之我幸，不得我命。"

让一个男人对你永保爱意的秘诀不是美貌，而是智慧。有智慧的女人是最美的。

后来我调侃她，妹妹你真应该上《金牌调解》节目给那些"问题女人"上上课，让她们好好学习学习你的处世智慧，让她们知道，有智慧的女人活得才漂亮！

求同存异,婚姻才能长久

01 //

娄灿是我大学时期做家教时辅导过的一个学生,她的成绩一直都不太理想,最后读了一个三类本科院校的插画专业。因为彼此投缘,所以至今我们仍有联系。

娄灿性格温柔,着装讲究,空闲时喜欢种些花花草草、钻研精致美食。她的内心充盈着小情怀和小浪漫,是大家眼中无论嫁给谁幸福都不会打折的好女孩。

她刚结婚那阵子,在朋友圈不时晒美照。照片里,男人阳光、帅气,女人优雅、贤淑。他们就是天生的一对。

经历过依赖的痛，再走向独立的美

她家的书房，被她布置成了一道亮丽的风景：纯白色的书架上放着许多装帧精美的书籍和一些造型独特的艺术品，书架一角摆放着好看的绿植，旁边三个浅咖色的矮凳众星捧月般将一张实木小圆桌围在中间。小圆桌上平放着一台笔记本电脑，娄灿看书累了，就打开电脑写写文章。我对她这种精致有品位的生活垂涎三尺。

我每天为团队的业绩指标、孩子的教育拼死忙碌着，只有夜深人静时才有机会翻上几页书、写上几行字，以记录这一天的忙碌生活。

连日没有收到娄灿的消息，我用微信发给她一个微笑的表情，很快就收到了她的回复："姐姐，你还好吗？"

"好，我每天都过得很充实！"我正疑惑着她为何用如此不寻常的语气和我打招呼时，她又说："我离婚了，还没有缓过劲儿来和你说呢。"

听到这个消息，我震惊了。

她毫不保留地向我诉说了离婚的缘由。她老公赵亮睡觉前从不洗脚，洗脸刷牙也只有早上那一次。他不去洗漱时，她就给他倒好洗脚水、挤好牙膏。一开始他还会按部就班地执行，慢慢

CHAPTER 3
不放弃,你终将活成自己想要的样子

地,他开始嫌她事多,因为讲卫生的问题他们吵了无数次。

她不止一次向妈妈诉苦,但是妈妈说他是个IT(信息技术)男,不讲究生活上的细节也能理解。还让自己多包含,过日子哪能都按照自己的意愿来呢?

后来,赵亮把袜子、内裤随地乱扔,她看见就拿去洗。久而久之,她就被调侃是"袜裤管家",对此她很生气也很无奈。

再到后来,她决定不再这样仔细地伺候他,而是为他准备了个脏衣篮。可要命的是,他一次能攒够十几双脏袜子,最后全交给洗衣机解决。更过分的是,那个阳台是她的宝地,可他和朋友经常在阳台的茶几上边打牌边抽烟,弄得到处都是烟灰。

娄灿越来越觉得她和赵亮的业余生活没有交集。有一次,她想让他陪她看电视,而他打游戏入了迷根本不理她,她就气愤地关了他的电脑。他差点因此抡起拳头打她。

想起当初她之所以欣赏他,更多的是因为他是她心中的学霸,会编程,在她心中是很了不起的。爸妈对他也很满意。

自从结婚后,他们每天都会因为这些琐事吵架。她渐渐产生一种深深的无力感。可细究起来,他们并无原则性分歧。赵亮是个靠谱的男人,把工资卡交给她保管,对她爸妈也很敬重。

经历过依赖的痛,再走向独立的美

可她就是受不了他无趣、邋遢的生活习惯。她觉得早知道他是这样的人,两个人应该提前试婚。

现在,他也受够了她的唠叨。趁着两人还没孩子,他们一商量,就领了离婚证,但都没有告诉各自的父母。

娄灿说完这些,发给我一篇微信朋友圈热文。主要内容是,因为生活品位的错位,一个烟灰缸成了压垮婚姻的最后一根稻草。主人公和她的情况相似,她想以此来证明她选择离婚是多么的明智。

最后,她说:"我想活成我自己想要的样子,姐姐你能理解我吗?"

作为一个在婚姻生活里摸爬滚打十几年的人,我虽能真切地理解娄灿的无奈和疼痛,但对她离婚的选择不敢苟同。

关于婚姻,我向她表达了我的看法。两个人结婚只有爱的意愿是远远不够的,修炼爱的能力才是关键。婚姻不同于爱情,激情过后终会归于平淡,而日常琐碎的生活又会让两人摩擦冲突不断。

据说一个成年人的人生观、价值观、世界观在25岁前基本已经定型,当婚姻的保鲜期还在时,为迎合对方而做出一些改变还算容易。但当现实生活揭开一个人的真实面目时,各种各样的问题就会涌现出来。从根本上讲，婚姻双方不管谁想改变另一方，都真的比登天还难。

02 //

每个人都渴望琴瑟和鸣、白头偕老的婚姻。当一对恋人满怀憧憬地踏入婚姻的殿堂，随着时间的流逝，双方不可避免地会发生分歧和摩擦，甚至让婚姻出现裂痕。这时，他们会发现，现实和理想相差甚远。那么是及时放手、各奔东西，还是迁就对方、维持婚姻？这就考验每个人对婚姻的认知和经营能力了。

我很认同《亲密关系》里倡导的婚姻理念。每一段亲密关系都会经历绚丽、幻灭、内省、启示四个阶段。这世上本就没有天生的般配佳人，也没有人能永远活在热烈的浪漫爱情中。夫妻双方只有勇于面对最糟糕的彼此，学会接纳和宽容，才能将婚姻推向爱和幸福的轨道。

没有什么困难是爱无法化解的，当我们怀着爱去面对分歧和摩擦时，对方也就没那么讨厌了，婚姻也就没那么糟糕了。如果婚姻本身具备健康的因子，那么坚守才是最好的选择。

经历过依赖的痛，再走向独立的美

不可否认，经济独立的女性在婚姻中更有底气，也更有条件追求高品质的生活。可是人不能一味地我行我素，以自我为中心、以自己的意志为转移，凡事都让他人听命于自己，一旦发现别人违背自己的意志、没按自己的要求去做，就大动肝火、气急败坏，这样不但会引发冲突，而且会让自己陷于孤立无援的境地。尤其在婚姻生活中，我们要懂得彼此包容、相互理解，切不可为了一些鸡毛蒜皮的小事就上纲上线、大吵大闹，或者得理不饶人，非要分出是非对错。一旦发生这样的争执，即使你赢了，造成的结果往往也是双方感情破裂、婚姻名存实亡，两人再也无法和谐共处。

婚姻生活中，彼此保持独立自然重要，但更需要双方求同存异。只有求同存异，双方才能减少争执、增进了解，也才能使婚姻长久、家庭和睦。

恰到好处的人际关系，才让人舒服

CHAPTER 4

> 人生艰难，很多时候都需要我们负重前行。所谓岁月静好，是因为生命中遇到了值得珍惜的人，感受到了与众不同的幸福。

靠近有情怀的女人，让灵魂散发香气

01 //

  有一种女人精致优雅、秀外慧中。她们家庭幸福、工作顺利，还有自己的业余爱好。你偶尔翻阅她们的朋友圈时，总会有意外的发现与收获；和她们相处时，总能嗅到一股和粉黛无关的芬芳。

  她们被定义为有情怀的女人，她们是连灵魂都散发着香气的女人。

  女人是一个家庭的灵魂。一个家庭被贴上和睦、温馨、美好、勤俭等标签，往往和这个家庭的女主人有很大的关系。

CHAPTER 4
恰到好处的人际关系，才让人舒服

一个有情怀的女人，她的家里肯定是干净整洁的。L姐，就是这样一个女人。我第一次去她家做客，无意间闯进了厨房，发现她家的灶具异常干净，橱柜表面一尘不染，上面放置的心形水晶图案调料盒精致好看，调料盒的表面均匀地贴着她手写的一条条楷字小纸条，这些小纸条整齐地对应着盒里装满调料的一个个小方格。厨房的墙上挂着一条围裙，看上去有点褪色，肯定被洗过好多次，不过没有一点污渍。

虽然L姐在家时不化妆，但她的头发梳得整整齐齐，就像黑色的瀑布从头顶倾泻下来，美丽极了。不管是她家的卧室、厨房，还是客厅，你都不会在地板上见到一根头发。L姐的老公和我说，他老婆有洁癖，容不得家里有一点脏乱。我觉得，灵魂有香气的女人，从骨子里就是个爱干净的人。

02 //

有人说："你生命中遇到的人都是该遇到的，是冥冥之中注定的缘分。"与Y姐的相识，我想正是因为这种命中注定的缘分。我和她都喜欢写作，有时候通过网络社交平台讨论一些问

经历过依赖的痛，再走向独立的美

题。她的文字总能给我一种恬淡静雅的感觉，让我迫不及待地想要了解她。

记得有段时间工作不太顺利，心里很郁闷，我就在网上和Y姐抱怨了几句。没想到她当时正要到我生活的城市出差，于是约我见了一面。

直到现在我依旧能够非常清晰地记得她当时的样子：高高的鼻梁上架着一副银色边框的眼镜，镜片后的大眼睛流露出安静的神情，穿着一身剪裁得体的时装，一副十分干练的样子。她五官精致，虽年过四旬，却没有一丝岁月的痕迹。

这次见面，迅速拉近了我们之间的距离。

Y姐不但人长得漂亮，而且厨艺十分精湛，她能用很少的食材做出许多色香味俱全的菜肴。那天在我家，Y姐只用两根黄瓜和五颗圣女果就制作出五种小菜。我品尝了一下，味道简直好极了！

Y姐还喜欢旅行，每到一个地方游玩，她都要把彼时的经历写下来，配上自己拍摄的相片发到网上。她只要把游记在网上一发布，立刻就会获赞无数。Y姐是个热爱生活的人，在生活的点滴中修炼出了芬芳迷人的灵魂。

CHAPTER 4
恰到好处的人际关系，才让人舒服

03 //

如果说Y姐属于我眼中有小资情怀的女人，那H姐就是我眼中有大情怀的女人。她曾经是我的上司，是众人眼里的"事业型女强人"。在我的印象中，她永远都是一身正装、步履从容。无论对上级还是下级，都是和颜悦色、一片真诚。

H姐曾对我说："一个人的生活品质和金钱没有绝对的联系。"的确，年轻的时候，我们可以没有很多钱，但不能没有好心情。好心情就是热情的生活态度。只要有了好心情，无论我们做什么都不会觉得枯燥，都能够坚持下去。

后来，H姐颠覆了我对她的认知，源于她用紫薯、菠菜汁、面粉等作为食材烹制的小点心。看到这精致如艺术品的小点心，我才明白，"事业型女强人"是外界给她贴的不太准确的标签，她还是个会生活、爱生活的美食家。

一次，H姐得知我的团队里有位员工家里有个长期患病的孩子，于是塞给我一个大红包，让我悄悄转给对方。这让我倍加感动，原来她是这样一个心地善良、乐于助人的女人。

我和H姐之间更多的交集来自读书。她推荐给我的书，每本

经历过依赖的痛,再走向独立的美

我都会认认真真地读上三五遍。像《秘密》《非暴力沟通》《正念的奇迹》等几本书,每次我读完,仿佛灵魂都被洗涤了一遍。

H姐分享的每篇文章、每张图片、每段文字,都散发着香气,总能对我产生一些积极的影响。这和金钱、地位没有任何关系,而在于她待人真诚、热爱生活的人生态度。我想这也是一种情怀。

有情怀的女人,优雅如秋叶之静美,恬淡如幽兰之芳香。靠近有情怀的女人,会让你的灵魂慢慢散发出香气,会让你生命的花朵在平凡的日子里绽放。

靠近优秀的圈子,无须跪着仰望

01 //

一天中午,我正在核对两个报表的营销数据,突然接到了表姨的电话。电话里,表姨急切地恳求,让我赶快联系我在医院急救科工作的老同学,因为表妹情绪失控喝了农药,表姨和表姨夫已经把表妹送到了医院。

人命关天!我火速跑到医院,看到表姨泪眼婆娑、表姨夫脸色铁青。在办好住院手续、安顿好表妹后,我才问起表妹喝农药的原因。原来表妹之所以喝农药自杀,是因为遭遇了骗子。此时,相恋多年的男友也弃她而去。毕业十年了,她一直漂在北

经历过依赖的痛,再走向独立的美

京。春节返乡后,她便没有再出去打工。因为总觉得家人无法理解她的痛苦,所以她一时想不开就做了傻事。

表妹叫夏丹,身高一米七,大眼睛、高鼻梁,典型的摩羯座女孩,穿衣打扮特别时尚。由于遗传了表姨的好嗓音,她小学毕业就被推荐到当地一所文化艺术学校学声乐。

面对高昂的学费,表姨和表姨夫都没有皱一下眉。在他们看来,女儿很出色,一定能学出个名堂。对于一个农村孩子来说,能有这样开明的父母是她的福分。

夏丹毕业后就去了北京。北京,是一个能让梦想生根发芽的地方。在朋友圈里,我经常看到她晒一些和知名艺人的合影,其中不乏我钦佩的艺术家。照片里的夏丹美丽动人、落落大方,让人羡慕。

夏丹慢慢向我道出实情,我才知道这一切都是她给自己加的光环。十年,对于一个为生活打拼的人来说真的不算短,如果足够努力,就可以让我们的人生质变好几次。

原来夏丹因为奢望挤进电视剧配乐圈,结果被一个职业骗子骗得很惨。对方以推荐她见知名导演为幌子,骗光了她所有的积蓄,还侵占了她的身体。

CHAPTER 4
恰到好处的人际关系，才让人舒服

我仔细看了下她的微信朋友圈，惊奇地发现，她一直活在自己编织的谎言里。

在她和诸多知名艺人的合影中，任何人仔细观察她和同框者的神态，都不难发现她只是自我感觉良好，而对方是貌合神离地勉强配合。

有一条朋友圈，图片下面有这样的一句话："为了得到这张门票，我花了血本。好在张导今天心情大好，我求签名和同框，他同意啦！"

原来她一直处于这种盲目的游离状态，总以为混个脸熟就能挤进别人的圈子。说到底，年近30岁的她是个对自己的职业发展没有合理规划的见识短浅的姑娘。混沌的思维模式使她活成了不折不扣的"穷忙族"。

02 //

怀揣梦想的人谁不想有朝一日飞黄腾达？如果你没有优越的条件、出众的才华，要想跨越一个层次，就需要积累一定的资本，要想挤进一个优秀的圈子，就需要拥有一定的专业水准。只

经历过依赖的痛，再走向独立的美

要资本和专业水准都达到一定的量级，你挤进优秀的圈子也就不是奢望了。

这些年因为工作的关系，我认识了很多心怀梦想的人，其中有一个女孩让我最为动容。她来自北方农村，家里没钱没势，自身条件也算不上优秀，然而她始终相信自己会成为一名出色的演员。只要有戏拍，她就什么角色都愿意演，甚至给别的艺人当替身也干。

有一次，和她聊天时，我问她："为什么这么执着？找一份稳定的工作上班，不是挺好吗？"她说："我相信我的努力最终能为我带来好运。"她非常清楚自己想要什么，并且认真坚持了十年。这十年中，她几乎每天都以饱满的热情认真表演。如今她已经小有名气，时不时出现在热播影视剧中。我相信，凭借她的坚持，早晚有一天她会得到自己想要的一切。

其实，每个人的人生都有自己独特的曲线，总会在某个拐点因量变而发生质变。当然，人生发生质变的前提是个人经验的积累和沉淀。

不要急着去挤一个自己踮着脚尖都够不到的圈子。就像跳舞一样，你连基本的动作都没有练好，何谈同舞蹈家一起翩翩

CHAPTER 4
恰到好处的人际关系，才让人舒服

起舞？

你如果知道自己想活成什么样、想达到怎样的目标，就要朝着选定的方向努力。任何人盲目地奔跑都只会让自己的人生更加混沌，穷尽一生也是个失败者。

就像夏丹，她一直想为电视剧配乐，梦想着有一天能够大红大紫。虽然目标明确，但她从没意识到，她把精力和时间都用错了方向，靠着容貌拼命跻身那个梦想的圈子，终究是下策。我们只有不停修炼自己的"内功"，才是实现梦想的王道。

03 //

朋友王玮是个谦逊、内敛又勤奋上进的人。大学毕业后他便结合自己的兴趣找准了就业方向，十几年如一日地研究声音美容，同时还自学了英语。后来，他用中英双语主持过很多大型活动。

王玮从不张扬，也不刻意融入想进的圈子。他潜心研究声音美容，帮助很多人解决了"不会说话"的难题。比如有的企业老板上台讲话脸部僵硬，有的讲师在稍微用力说话时嗓子就会嘶哑

经历过依赖的痛，再走向独立的美

等，他根据不同的问题采用不同的方法，成功帮助他们克服了这些说话时遇到的困难。

王玮说："和这些牛人接触久了，你就会发现，层次越高的圈子里边的人越有趣，越优秀的人越谦逊，越有成就的人越愿意帮助别人。"

当越来越多的牛人因为采用王玮的方法受益后，他们自然就成了王玮的"粉丝"。你若盛开，蝴蝶自来。不断提高自己的能力，远比挤破头去迎合一个圈子更有意义。

在此提醒那些和夏丹一样的人，醒醒吧！别以为牛人礼貌性地给你一个微笑就会记得你；别以为你和牛人合个影、加个微信，就和人家扯上了关系；别以为靠低三下四地给牛人献殷勤，就可以挤进一个高层次的圈子。

真正出色的人，从不会低三下四地混圈子。他们会沉下心去提升自己的内在实力，花时间研究自己的专业水平在哪个层级，然后给自己制订具体可行的计划，日日坚持不懈地努力。

我们与其跪着仰望优秀的圈子，不如提高自己的内在实力，让优秀的圈子主动接纳你。

没有"扫除力"和"单身力",难怪你活得这么焦虑

01 //

我和G相识,源于一个投诉业务。当时我在一家通信公司营销窗口担任主管。那天刚上班没多久就听到营业大厅有人在大声吵闹,我急忙赶去"救火"。

我清晰地记得G当时的样子:暗黄的皮肤,涂着血红色的唇彩,皱起眉来眼角有明显的鱼尾纹;披散的长发紧贴着后背,毫无层次感;脏兮兮的黑色打底裤塞在长筒靴里。

G怒气冲冲地指责营业员,强烈要求返还话费。站在她身边的小女孩眼神里满是恐惧,一个劲儿地劝她"妈妈别闹了"。我

经历过依赖的痛,再走向独立的美

为G倒了杯温水,客气地邀请她带着女儿到我的办公室协商处理问题。

她瞟了我一眼,叫嚷道:"你如果真的能解决问题,何必要我去你办公室?我就在这里坐着,如果你们不解决我的问题,就别想办业务!"

那一刻,面对一个怒气冲冲的泼妇,我说:"单位有单位的规章制度。如果你想解决问题,就要按单位的规章制度来。大吵大闹解决不了任何问题,最后吃亏的只会是你自己……"

没等我说完,G猛地从椅子上站起来,刚好把桌子上的水杯蹭倒了,她的女儿被吓得退了两步。

我接着说:"你看你今天这个样子已经吓到了你的孩子。坏心情会给人带来坏运气,咱们要心平气和地解决问题。你把你的问题说清楚,我看看能不能帮到你。"

我诚恳地表达了我的态度后,G拉着女儿和我一起进了办公室。

最后,她的问题得到了妥善解决。我看到她的眼圈红了。她此刻楚楚可怜的样子,让我完全不敢相信刚刚那个骂街的泼妇也是她。

她低沉地说:"半年来,你是第一个肯认真听我说话

CHAPTER 4
恰到好处的人际关系，才让人舒服

的人。"

原来，她这半年不如意的事不断，先是孩子生病住院，接着是老公出轨，"小三"居然找上门来公开挑衅。

"我现在谁都不敢相信，心情特别糟糕，刚才真的很对不起。"她局促地解释着。

"其实你刚才之所以发火，不仅仅是因为这20元话费的问题，还因为你目前的状态让你感到焦虑不安、毫无安全感。凡事感觉稍有不妥，你就要抗议。但家家有本难念的经，没事咱不找事，有事咱也不能怕事。

"你老公的态度最关键。如果无法挽回他，你就果断离婚，不能没有一点尊严呀！离婚也就是如何分配房子、孩子、金钱、债务的问题。拿出你的态度，想明白再去行动，理性一点或许对你和孩子更有利……"

那天我陪G聊了一个多小时，还互相加了微信。事后，她关注了我的公众号，成了我的忠实粉丝。我发在社交软件上的每篇文章她都会点赞并转发，偶尔还会给我打赏。

经历过依赖的痛,再走向独立的美

02 //

有一次,我去一家美发店做头发,恰巧遇到了她,我们俩又聊了好多。我俩做好头发后从美发店出来,G说她家就在这家美发店附近,极力邀请我去她家里坐坐。

我就跟着G一起去了她家。一进门,我立刻惊呆了:偌大的客厅,除了一个茶几,满地都是纸箱;开放式厨房的台面上,锅碗瓢盆随意地摆放着;餐桌上乱七八糟地放着没有来得及清洗的餐具;大人孩子的衣服横七竖八地摊在沙发上……

看着满屋的凌乱,我感觉G是一个不会生活的人。她竟如此将就地生活,一时间让我无言以对。

通常居住环境能反映出一个人的生活质量和生活态度。G说她之前偶尔还做点家务,现在日子过成这样,更没有心思收拾屋子了。

她丈夫自从被她发现出轨以后,就很少回家了,并且也不再给她生活费。迫于生计,她开始做微商,可生意哪是那么容易做的。

看着G可怜巴巴的样子,我建议她把家里没用的东西全部扔

CHAPTER 4
恰到好处的人际关系，才让人舒服

出去，再买几盆绿植装点一下房间，给孩子做顿像样的饭菜。

我开玩笑说："这样好运气慢慢就会来了，毕竟财神爷也喜欢干净的地方。"

G看看我，难为情地笑了。

职场中要判断一个人的工作能力，可以先看看他的办公桌；生活中要判断一个人的生活品质，可以先看看他的房间；婚姻中要判断一个人的经营能力，可以先看看他家的厨房和卫生间。

心情不好时建议你整理下房间。扔掉一些没用的东西，扫除的不仅仅是空间上的垃圾，还有如影随形的心灵垃圾。心灵和房间一样，需要定期清扫和整理。"扫除力"是人生顿悟的开始，也是治疗焦虑的良药。

"扫除力"也叫断舍离，它对一个人的生活品质有很大的影响。

对于G来说，治疗她的焦虑还需要锻炼一种能力——"单身力"。所谓"单身力"，就是指单身的能力，或者理解为能独自过好这一生的能力。

无论男女，"单身力"都是决定一个人顿悟和成长的关键因素。不过男女生来有别，女人多感性，男人多理性。比如在离

经历过依赖的痛，再走向独立的美

婚这件事情上，大部分女人嚷嚷得比谁都凶，但到真正离婚时也会忐忑不安；男人从不轻易说离婚，一旦说出来，十有八九已成定局。

那些把离婚挂在嘴边的女人真的具备"单身力"吗？那些迫不得已带着孩子净身出户的离异女性，在孩子的教育问题上真的能独自承担吗？深陷困境中的女人能否以清醒的头脑来面对未来的生活？如果一个女人拥有"单身力"，那这些问题就都不再是难题。

要知道，现实并不会怜悯你的不容易，更不会因此降低对你的考量标准。

03 //

琳是我的闺密，她先后经历了两次失败的婚姻。她在婚姻中所受的伤害和委屈一言难尽。我不止一次提醒她不要委曲求全，靠自我牺牲换来的爱不是真爱，没有锋芒的善良就是软弱。

为了生孩子，琳做了好几次试管婴儿，身心受尽折磨。可她的丈夫并没有表现出一丝理解和心疼。她自己也毫不在意地说

CHAPTER 4
恰到好处的人际关系,才让人舒服

"跟谁都得生孩子"。这让我很难理解。

我对她说:"你都不爱自己,还指望谁来爱你呢?离开这个坏男人,就是最好的止损。"

单身后的她整夜失眠,内分泌严重失调。我不得不承认,过度焦虑会让人变得胆怯和懦弱。那时,她甚至祈祷天永远不要亮,好让自己在无边的黑夜里苟且活着。

我建议她每天制订一个小计划,试着做一件自己能够完成的事情,比如每晚读50页书,或者写一段文字,或者慢走1000米……

琳采纳了我的建议。慢慢地,她变了。她再也不是从前那个因为别人的一句甜言蜜语就心花怒放、因为别人的一次诽谤就妄自菲薄的傻女人了。

作为一个女人,如果没有孩子,人生就没有意义了吗?美国女星安吉丽娜·朱莉虽然没有自己的孩子,却成为好几个孩子的母亲,这难道不是让人生更有意义了吗?她的人生难道不让我们每个人都肯定吗?

想要人生开挂,我们就必须懂得适时地投资自己。

最近琳换了一辆代步车,偶尔会自驾游;她的房间也被她收拾得温馨优雅;她昔日粗糙、暗淡的皮肤开始变得红润有光泽;

经历过依赖的痛，再走向独立的美

楼下曾经荒芜的小院，也被她栽上了绿油油的菜苗，她还会和朋友一起分享自产的无公害蔬菜。

一个人的"单身力"被磨炼出来后，就会充满幸福感和价值感。身边的朋友都能感觉到这个人的变化。

有一天她对我说："你说我那时怎么那么傻啊，为一个人寻死觅活的。当时害怕天黑、害怕孤独，现在什么都不怕了！突然发现，一个人生活挺好的。"

"扫除力"和"单身力"，是一个人获得优质人生必备的两种能力。那些身处逆境的姐妹一定要记得，无论失去什么都不能失去自我。如果你已被焦虑包围，就请记得从点滴开始培养自己的"扫除力"和"单身力"。

过分向外寻求安全感,等于撕裂自我

01 //

女人天生感性,在情感的世界里容易疯狂,也容易受伤,但凡陷入情感危机,便会不自觉地向外界求助,以此疗愈自己。不过,到处诉苦的女人,无非是在以各种方式寻求内心所需的安全感。

35岁是女人情感的分水岭,也是出现情感危机的重要时间节点:一边是对孩子的陪伴缺失,一边是挣钱养家的压力;既要奔赴职场、自强独立,又放不下家庭。

现实中总有这样的女人,享受生娃做饭、相夫教子的传统女

经历过依赖的痛，再走向独立的美

性角色，对人生暗藏的危机浑然不觉。直到察觉出男人已出轨，她们才变得茫然无措，于是四处找人哭诉和抱怨。这种竭力向外界寻求安全感的人的可悲之处就在于，她们很少听从自己内心的声音，也从未有过为自己而活的意识。

凡是信奉"干得好不如嫁得好"的人，她们的生活表面光鲜亮丽，内心却藏着数不尽的无奈和委屈。

曾有女性粉丝向我倾诉，她虽遭遇了家暴和婚内出轨的双重打击，但死活不愿意离婚。因为如果离了婚，虽然孩子尚有吃住的地方，但是她自己的衣食就没有着落了。我真想用一巴掌打出她的志气。如果一个人连起码的尊严都没有了，即使有健全的四肢，也只会窝囊地活着。

几年前，一个朋友的表姐不堪忍受老公的背叛，在电话里和朋友大声宣布要去做阴道紧缩术，"企图"用身体挽留那个不回家的男人。朋友求我利用公司资源查一下那个男人的通话记录，我拒绝了。

一个连自己都拎不清的女人，谁都拯救不了她。我无法理解，一个身体结结实实的人，居然会"为了五斗米折腰"；也无法理解一个女人希望依靠最原始的性把男人留在身边的想法。

CHAPTER 4
恰到好处的人际关系，才让人舒服

那些时刻从外界寻求安全感的女人，在面对男人的背叛时，就会变得诚惶诚恐。如果离开了男人，她们就毫无存在感，因为男人和孩子就是她们的全部。这种没有自我的女人，从来就没想过自己要活成什么样子，更没有自爱和把握幸福的能力。

02 //

电视剧《欢乐颂2》中的樊胜美，应当属于安全感缺失最严重的女人。她对安全感的寻求方向也来自外界，坚信自己的幸福一定要装进房子，而房子一定要依靠未婚夫王柏川来买。

樊胜美完全可以通过自己的规划提前置业，过上自己想要的生活，而不是没完没了地把自己辛辛苦苦挣来的钱统统给予重男轻女的"家人"，帮扶原生家庭。

没有多少人有天生的"公主命"，一个女人嫁得好的前提是已经沉淀了干得好的资本。

郭晶晶嫁给霍启刚前，已是众所周知的跳水皇后。稀缺罕见的价值和卓越独立的内在，使她有足够的底气和资本擎住自己想要的人生。

经历过依赖的痛，再走向独立的美

无臂姑娘雷庆瑶愣是靠着和命运死磕的决心，活成了东方维纳斯；盲人主播丽娜不甘自我沉沦，和苦难搏杀，历经千锤百炼，获得了中央人民广播电台向她抛出的橄榄枝。

困住一个人的从来不是苦难，而是思路。真正的安全感来自对美好人生的合理认知和不懈追求，而一心向外寻求安全感，只会让自己的人生更加糟糕。真正的安全感来自内心的淡定和从容。

03 //

我们要努力过好自己的生活，让自己变得思想独立、人格独立、经济独立。过分向外寻求安全感的人生，无异于自我撕裂；理性、向内寻求安全感的人生，才会让一个人活得更精彩。

真正的安全感永远来自自己。用智慧铺垫自己的人生，你会越来越优秀；用奋斗践行自己的诺言，你会越来越闪耀；用成就见证自己的选择，你会越来越自信。

我坚信，每个用心生活的人都会被这个世界温柔对待。

人际交往中，让人舒服是一种智慧

01 //

冯小刚曾在某访谈节目上谈到，他非常认可作家池莉在小说《绿水长流》中的一段话："每个人在每个阶段都会有个形容人或事的词。在作为中年人的这个阶段，对一个人的好感，我特别欣赏的一个词就是'舒服'。"

人到中年，历经少年的懵懂、青年的锋芒，感受半生的喜怒哀乐，让"舒服"这个词成了对一个人的顶级评价。被杨绛先生称作集温柔的妻子、慈爱的母亲、沙龙里的漂亮夫人、能干的主妇于一身的朱梅馥女士，是著名翻译家傅雷的妻子。她

经历过依赖的痛，再走向独立的美

性格温柔，贤淑豁达。正是因为她的默默付出，才让傅雷在不论多么艰辛的条件下，都能够安心创作，翻译出许多外国名著。这对神仙眷侣，很长时间都生活在困苦之中，两个人的感情却丝毫没有受影响。对他们来说，彼此都是让对方感到最为"舒服"的那个人。

一个人的修养除了受原生家庭的影响，还有更多是来自后天的修炼与内省。

一次偶然的机会，我陪闺密梅子参加了一个饭局。

与梅子大学时期同宿舍的三个女孩性格各异，我在参加这个饭局之前就有耳闻，也听梅子说过她们大学四年间发生的许多事情。

与梅子同宿舍的其他三个女孩，我姑且称其为A、B、C吧。A和B睡上下铺，两个人都是学霸。刚入校门不久，两个人就崭露头角。每次系里组织活动，A和B都是大家心中耀眼的"明星"。但她们二人针锋相对，互不相让，简直就是一对冤家。论颜值、口才、气场，B都略胜A一筹，要命的是两个人竟然喜欢上同一个男孩。四年来，她们明争暗斗，从未停息。

梅子属于那种性格大大咧咧、对感情没有任何概念的女孩，在大学里注定与风花雪月无缘。她还有个致命的弱点，就是别人

CHAPTER 4
恰到好处的人际关系，才让人舒服

说什么她就信什么，除了做数学题，在其他方面毫无逻辑。

幸运的是C十分欣赏她，二人成了无话不谈的朋友。C是个温文尔雅的乖乖女，谈不上漂亮，但她无论和谁在一起都让人感觉很舒服。

有一件事，梅子多次和我谈起。某日，A悄悄对梅子说："你不在的时候，B当着我的面说你偷用她的护肤品。"梅子听了气愤不已，拉着A就要去找B对质。C及时制止了梅子，提醒她长点脑子，别一点就着，因为当时B正在参加一个重要考试。

事后，梅子意识到C的良苦用心。原来A早就大放厥词，不让她舒服的人自己也休想舒服。只是A比较会"借力"，而梅子刚好就是她的"借力"对象。梅子感叹，有多少轻信，就有多少遗憾。

梅子说这件事情对她触动很大，她也因此认定C是值得交往一辈子的好姐妹，而A和B迟早会淡出她的记忆。

见我们到来，A热情地和梅子拥抱，B对梅子"亲爱的、亲爱的"叫个不停，唯有C微笑地站起来，请我们落座。

作为一个旁观者，我替东道主梅子为大家斟酒。两杯红酒下肚后，几个女人开始嘻嘻哈哈地调侃过往，同时谈论起各自的老

经历过依赖的痛，再走向独立的美

公和孩子。唯有C一边给大家夹菜，一边念叨着谁爱吃什么，最后C和我心照不宣地把一盘清蒸鲈鱼放到了梅子面前。

梅子说，这辈子她最佩服C。与人相处时让人感到舒服是一种智慧，更是一个人的软实力。

饭局结束后，我开车载着醉醺醺的梅子回家——我以为她喝醉了。梅子却说自己清醒得很，又和我提起了C。她说："C是个有格局的人。既让自己舒服，又让别人舒服。那时寝室里如果有让人感到不舒服的人和事，C一出面就总能化解。你都不知道，那时有多少男生暗恋C。如果我是男人，就非把她娶了不可！"

02 //

做个让人舒服的人有多重要，如果不遇到几次挫折、不栽几次跟头，我就根本意识不到。

那年我投资了一个内衣品牌，激情满满地开始了人生的第一次创业。开业前几天，我向关系很好的几个朋友发出了邀请，希望他们来捧个场。可开业那天唯独朋友E没来，也没捎来一

CHAPTER 4
恰到好处的人际关系，才让人舒服

句话。

在我百思不得其解时，朋友D问我是不是有什么事得罪了E，我说没有。后来我突然想到一件事情。那是一次朋友聚会，大家都带了家属，有人提起E是大学时期的校花，我趁此毫无顾忌地调侃E可能还记得大学时的男友。D说，E回家后，她老公醋意大发，两人吵了一架。怪不得接到我的电话，E态度很冷淡。

这件事情又让我成长了，但成长和成熟是需要付出代价的。一个人不分场合地随便说话，有时虽然是开玩笑，但可能会伤害他人。这种让人不舒服的行为，一定要杜绝。以我现在的眼光来看曾经的自己，的确有些不谙世事。

一个相处起来让人感到不适的人，别人就会与他保持距离。反之，一个和谁在一起都能让其感觉轻松惬意的人，他一定有许多朋友。

磊是我大学时的同桌。当年我面对既要带孩子又要工作的窘境，是磊说服退休在家的爸妈帮我带大宝的。

当时，我有些不好意思，觉得带孩子是个麻烦事，尤其对方与我非亲非故，我怎么能无故占用人家的时间呢？可是磊却说："你把孩子交给我爸妈带，让孩子给家里带来了欢声笑语，我们才

经历过依赖的痛，再走向独立的美

赚了呢！"

他们一家人，我一辈子也忘不了。在我身处困境时，他们果断伸出援手，甚至为了不让我感到尴尬，还给出种种安慰我的理由。

遇到磊，是我的幸运。在那段艰苦岁月里，他爸妈陪我走过了难走的路。

多年后，大宝时不时提出要去磊家里小住。一次她天真地问我："妈妈，为什么每次到磊叔叔家，茶几上都会放着我爱吃的零食和水果？我真的想住在他家。"

磊是一个让人感到特别舒服的人。每次我们去他家里做客，单身的他都会把家里打扫得干干净净，贴心地为孩子们准备零食和饮料，为朋友们准备好影片。如果大家一起出去游玩，他就会提前规划好出行的路线。

有他在的每个瞬间，都能留下许多感动。一个帮助别人时还能小心翼翼维护他人自尊的人，是值得做一辈子朋友的。

一个相处起来让人感觉舒服的人，必定是一个用心生活、心怀美好、温柔地和世界相处的人。

不轻易麻烦别人的人值得深交

01 //

十多年前,我因为在Z城工作,所以选择在此安家落户。从此,我家成了老同学们返乡时必经的"驿站"。他们中有出于友情来看望我的,有委托我代买火车票的,还有请我帮忙接送家人的……

十多年过去了,时间就像无情的筛子,筛去了那些渐行渐远、不再联系的人。而有几个人无论何时途经Z城,都会记得在这个城市我曾为其点亮过一盏灯,他们总会通过打电话或发信息的方式问候我一番。他们不但懂得感恩,而且从不轻易麻烦

经历过依赖的痛，再走向独立的美

别人。

桑柔是和我一起长大的好姐妹。从小学到高中，我俩都在一个班读书。高中毕业后，桑柔考取了北京某所重点院校。后来她在北京成家立业，还做了一家媒体的品牌策划人。

30多岁的职场女人，总是把光鲜亮丽的一面展示给别人，将不足为外人道的凄楚和委屈隐藏于内心。桑柔就是这样的人。由于她和老公都是非京籍户口，结婚后，两人压力倍增。虽然他们是出入北京中心商业区的白领，在北京有房有车，但是每个月的房贷、车贷，加上日常开销，压力大得着实让他们喘不过气来。

自从桑柔生了小孩，她和丈夫除了要还房贷、车贷，还要抚养一个小孩。桑柔不愿意把孩子送回老家交给婆婆带，但她把孩子留在北京又请不起保姆。于是，她只好辞去工作，在家全职带娃。全家就靠她老公一个人赚钱，日子过得捉襟见肘。有几次，他们都差点还不上贷款。

一次我在微信上和她聊天，跟她抱怨自己命苦，婆家、娘家都帮不上忙。她说，她也差不多，和老公在北京生活得很辛苦、很无助。

我疑惑地问她："你妈妈不是手里有钱吗？为什么不帮帮你们？"过了好一会儿，她回复我一串流泪的表情。她说："两

CHAPTER 4
恰到好处的人际关系，才让人舒服

年前妈妈就已经不在了。那次回老家奔丧，我路过了你所在的城市，原本打算找你借钱。但想到你挣得也不多，每月还要还房贷，就没有向你开口。我不想给你添麻烦。"

桑柔的善解人意深深打动了我。我和老公商量后，把我们省吃俭用积攒的1万元钱通过微信转给了她。几年后，桑柔听别人说我要买车，一声不响地就往我支付宝上转了2万元钱。我想，这就是一种"天涯若比邻"的友谊。善解人意的人从不轻易麻烦别人，而且，他们一旦接受了你的帮助，就会加倍偿还。

02 //

比起桑柔，我和E先生之间则渐行渐远，可以说我们已经淡出彼此的视线，尽管我曾经热情地帮助过他。E先生长得一表人才、温文尔雅，在青春萌动的学生时代，他是很多女生眼中的男神。也许是因为我的性格大大咧咧，让他觉得我不会对他有"觊觎之心"，所以他才很放心地和我交往。其实在我看来，他也确实和我的同性朋友无异。

因为我踏入职场时他还在读研究生，所以每次他往返Z城的

经历过依赖的痛,再走向独立的美

各种费用,我都当仁不让地全包。对于已经拿到薪水的我来说,招待尚在读书的同学,我觉得是理所当然的事情。

E先生每次路过Z城,我都会叫上几个朋友陪他一起吃饭、唱歌,从不觉得麻烦。他告诉我自己没有生活费时,我也会慷慨解囊。

一天晚上,E先生坐火车去学校,他订的是晚上十点的车票。他打电话给我,坚持让我送他去火车站。我有些忐忑,心想我送完他已经很晚了,万一我回来的路上遇到坏人怎么办?尽管内心不悦,但我还是答应去送他。

当时还是我男朋友的张先生在南方某市工作,他偏偏在此时打来电话,问我:"干什么呢?"我告诉他:"我正送高中同学E先生去火车站。"他接着问:"还有谁?"我说:"就我一个人。"

他一听就生气了,在电话那端愤怒道:"这个E先生,是个什么玩意儿啊?!晚上十点还让一个女孩子送他去火车站!"

我担心E先生在旁边听见,急忙找个借口挂断了电话。等我把E先生送到火车站,返回的途中,手机上收到了男朋友张先生的一条信息:"你要小心这种喜欢麻烦别人的人。他要么太过自私,要么就是对你有非分之想。"

CHAPTER 4
恰到好处的人际关系，才让人舒服

张先生的话，我没放在心上，我觉得他这是在吃醋，害怕别人拐走他的女朋友。

三年后，E先生考上了武汉大学的博士研究生。这时，大家都在使用微信，我也赶时髦，注册了微信账号，添加了许多朋友，包括E先生。E先生自从攻读博士学位以来，和我的联系越来越少，几乎半年都没和我说一句话。我也忙工作、忙家庭、忙生活中杂七杂八的事，也未主动联系他。后来，我听别人说，他在武汉结婚并落户在武汉，娶的老婆也是武汉本地人。当我打开微信联系他时，却发现我已被他删除了。我握着手机，突然有一种莫名的失落感。我又想起几年前他说没有生活费了，向我借钱，我想也没想就借给了他，可他至今也没有还我。

就是这样一个曾经不断麻烦我的人，却无情地把我清理出了他的朋友圈。有些人习惯于麻烦别人，而且麻烦完就忘掉，从没有亏欠心理。他们信奉的人生哲学是"宁教我负天下人，休教天下人负我"。遇到这样的人，我们要敬而远之。对于那些凡事独自承担、不轻易麻烦别人的人要深交，因为他们有一颗感恩的心。

自立，女人过好这一生的王牌

01 //

M是我的忠实读者，虽然素未谋面，但每次和她聊天，我都能感觉到她的单纯热情。同为年过30岁的女人，我们似乎总有聊不完的话题。

某晚，我带着一家老小在湖边散步时，收到了M发来的微信。打开语音后，手机里传来她伤心的哭泣声，听完她说的话，我的心情变得沉重起来。

屡见不鲜的婚姻问题——男人出轨了。

M生活在北方一个小县城，有份薪水微薄的工作，老公是

CHAPTER 4
恰到好处的人际关系，才让人舒服

公务员。刚结婚时，老公对M非常好，经常骑自行车接送她上下班。M每天都像活在童话中。

可当有人把她老公出轨的证据摆到她眼前时，M失声痛哭："他说会永远爱我的，前不久过七夕还送了我礼物……"M的婚姻终究还是没有抵挡住时间的考验。

我听到过太多类似的倾诉，她们的遭遇让人心痛。但我认为，她们大多数是因为作茧自缚，把自己局限在依附男人而活的怪圈里，令人又无奈又叹息。

生活不会因为你是女人就对你宽容。每个女人都要能自己养活自己，这是女人自立的基础。不懂得这个道理的女人，大都落得个"悔之晚矣"的下场。

初入婚姻殿堂的男女，浪漫的爱情光环尚在，还不会计较彼此对家庭的贡献。然而随着时间的流逝，婚姻就会呈现出它本来的面目，各种婚姻问题就会涌现出来。

我翻看了自结识M以来我们所有的聊天记录，从她和我探讨如何提升孩子的阅读兴趣，到她让我推荐给她一些关于个人成长的书籍，再到她老公出轨，还不到三个月的时间。其实M早已经意识到了婚姻危机，只是她没想到这一天来得这么快。

经历过依赖的痛，再走向独立的美

M说："当有人把他搂着陌生女人的腰还不断撒娇的视频发到我手机上时，我感觉我的天都塌了。男人为什么会这么无耻？

"婚后不久他就提醒我，别惦记他的钱。那时我的脑海里就曾闪现过离婚的念头，但他在孩子身上还是很舍得花钱的，为了孩子，我自己受点委屈又算什么？我的底线一降再降。事到如今，他背着我在外面做出这样的事情，我该怎么办？

"我刚认识他那会儿，他才和谈了六年的女友分手不久。结婚后的这八九年时间里，他一直忘不了前女友，还曾经一度沉迷于网络聊天无法自拔。我甚至还在QQ上看到了他和前女友的聊天记录……他因精神出轨对我的种种伤害，我都咽下去了。

"当我看到这个视频时，我的心彻底凉透了。我为自己感到悲哀。"

面对伤痛欲绝的M，我小心翼翼地帮她分析："姑娘，你不觉得一开始你的选择就存在风险和隐患吗？你把他当作值得托付终身的对象，可在他心里，你只是个填补他情感空缺的备胎啊！"

面对亮起红灯的婚姻，不少女人往往会数落男人的种种不是，然后再找出各种理由说服自己原谅对方。男人因此有恃无恐，变得更加放肆。

CHAPTER 4
恰到好处的人际关系，才让人舒服

02 //

暂且不评论这个出轨的男人品质如何，我只想奉劝女同胞们，要好好反省一下自己。如果你把所有的心思和精力都放在了男人身上，整天患得患失，那你可能就离失败不远了。

"我受不了。我一定要找你说明白。"M依旧不依不饶地给男人发微信。

男人的回复让人心寒："你不配。你一点都不值得我尊重！"

这句话点燃了我心中所有的愤怒，我已经不想再苦口婆心地劝慰她了。我直截了当地给M指出：

"你一直手心向上，跟他要钱花。你的头是低着的，你自然在婚姻里就没有话语权。在家庭里，你没有地位；在他心中，你没有分量，他自然不会顾及你的感受。你要让自己强大起来，尊严都是自己挣来的。

"从现在开始，努力学会自己养活自己。多读点书，别让自己在遇到困难时总是手足无措。

"焦虑只会让你处于不安中，而心灵的富裕却能拯救你的精神阵地。把自己打扮得漂漂亮亮的，活得光芒四射，这样你就

经历过依赖的痛,再走向独立的美

赢了!"

30岁,一个女人的人生才刚刚开始。M应该做好自己该做的事,让自己慢慢变得优秀起来,自尊也就跟着回来了。

电视剧《我的前半生》中的罗子君当初哭着求陈俊生别离开,陈俊生说了句"我爱她(第三者),爱到无可救药",让罗子君十分痛心。哪个女人听到这样的话,她的心不会滴血?

这个社会已经给了女人实现自我价值的多种选择。女人如果想要自立,其实一点都不难。女人需要和男人一样,努力奋斗!

一旦你心甘情愿地把自己的人生交给别人,无论你被他捧得多高,你的重心始终都被握在对方手中。他随时都可以把你重重地摔在地上,然后扬长而去,留下你独自哭泣。

女人,当你连养活自己都变得吃力,何谈尊严和底气?你哭哭啼啼给谁听?如果过早地放弃成长,你就永远看不到自己自立的样子。女人,只有做到自立,才能过好这一生。

没有创业心态,只是延缓了"被淘汰"

01 //

互联网内容创业的出现,已经改变了很多人的生活。当我们还在好奇知识付费为何物时,已有很多人购买了李笑来老师在网上的付费分享课程。当大家都在抱怨读书很枯燥时,已经有越来越多的精英加入了"樊登读书会"。

酷爱文字的人,如果能早一点意识到新媒体春天的来临,在六年前就开通微信公众号,并坚持输出优质内容,那么如今年收入也许已上百万元了吧。

社会发展中的每次变革都伴有红利出现,为什么每次都只有

经历过依赖的痛，再走向独立的美

极少数的人能抓住出现的红利机会呢？因为很多人都不具备前瞻性的认知能力，而且大多数人都不爱接受新鲜事物，习惯性惧怕改变。

02 //

创业意味着一个人要告别朝九晚五的规律生活，需要有活成一支队伍的能力，还要能承受来自方方面面的压力，与孤独相伴、与风险相搏。所以，很多人的创业梦想都被搁浅在了"夜里走了千条路，醒来依旧在原处"的现状之中。

人们习惯膜拜成功者头顶的光环，却忽略了其背后奋斗的艰辛与血泪。

2017年9月10日，"樊登苏州千人分享会"活动结束后，时任"樊登读书会"江苏分会的会长刘志航哭了。他说两年前他只身来到苏州创业，开发的第一个会员约在咖啡馆见，喝了两杯咖啡后才搞定。第一次举办线下活动，他一个人站在路边等待书友们的到来。

CHAPTER 4
恰到好处的人际关系，才让人舒服

他做传统生意的父亲总是说："做生意就要实在，我卖一块面料就要给人家一块布，你们卖给人家什么啦？别瞎折腾了！"活动当天，他把父亲请到了现场。活动结束后，他父亲说："之前真是一点儿都不懂，知识经济的确很厉害！你做的确实是件好事！"

两年时间，江苏分会发展了10万付费会员，在省内任何一个城市都能随时举办大型演讲活动，并且还得到了政府和企业的大力支持。无数书友因"樊登读书会"而真正改变了生活的节奏和方向。

没有随随便便的成功，任何人的成功都是靠努力换来的。

03 //

那年，当我把自己的创业梦想告诉上司时，他语重心长地和我谈了两个小时。我非常感谢他以一个过来人的身份给了我善意的提醒和宝贵的建议，并且让我自己决定去留。最终，我选择告别十多年波澜不惊的生活，辞职创业。

"静水人生"公众号运营半年来，我收获了数万粉丝。当我

经历过依赖的痛，再走向独立的美

的文字被越来越多的人欣赏和关注时，我突然发现追随自己的内心去做一件事情是多么幸福。

将近不惑之年，我没有多余的爱好，唯有阅读和写作。女儿受我的影响，小小年纪已在文字上显出天赋，她多次获得年级作文大赛一等奖。因此，我萌发了创业的想法，为何不以此影响更多的家长和孩子，让他们加入我的阅读写作队伍呢？

我的初衷是我能花更多的精力来陪伴更多的孩子成长，而又不用放弃自己的爱好。

于是，我把家中的客厅改成了"书香天堂"，创办了Z城首家以"培养孩子阅读能力，让孩子爱上阅读"为宗旨的工作室。

工作室运营三个多月以来，我的教育理念得到了许多家长的认可。当越来越多的孩子走进我的"书香天堂"时，一种被肯定的幸福感油然而生。

当然，我也承受了不少压力。与国企稳定的工作相比，选择创业的确是一项挑战，但因为有家人的支持，所以我并未犹豫。

今天，很多读者在公众号后台留言和我探讨安全感。坦白地讲，谁不想拥有十足的安全感呢？但为了做自己认为有意义的事，我们就不要怕丧失安全感。毕竟我们选择创业总是要有所付出、有所牺牲的。

CHAPTER 4
恰到好处的人际关系，才让人舒服

有人总结说打工心态就是"我尽力了"，然后开始"解释原因"，而创业心态是无论如何我都一定要"解决问题"。创业需要你有独当一面的勇气，也需要你有"解决问题"的能力。

04 //

创业是一个艰难的过程，其间你会遇到挫折，也会收获喜悦。如果一遇挫折，你就到处哭诉，寻求安慰，不但不会得到他人的同情和帮助，还会引起对方的反感。

当你离开原来的单位开始创业时，父母会因你放弃一份稳定的工作而忧心忡忡，过去的同事会以旁观者的心态笑看你的成败。如果你没有十足的底气应对这些，我劝你还是老老实实地上班吧。

记得一个朋友说过："所有你遭遇过的挫折，都是让你变得更强大的良药。"如果你因挫折而退缩了、屈服了、放弃了，创业也就失败了。而你一旦挺住了，就可以昂首阔步走向成功。

漫漫婚姻路,谁没流过泪

CHAPTER 5

良好的婚姻能让普通的女人散发光芒,也能让散漫的男人变得更有担当。请相信,有一种婚姻能让夫妻相互欣赏、让家庭充满幸福。

有一种婚姻很高级:相互欣赏,彼此仰望

01 //

有位读者曾和我在微信上聊天到深夜,她将婚姻中的困惑悉数说给我听。

她和丈夫青梅竹马,两人感情很好。结婚前几年,他们一直保持着热恋时的感觉,是大家眼中的神仙眷侣。

不知从何时起两人变得越来越无话可说,丈夫对她也渐渐失去了耐心。自从有了孩子,他们偶尔还会吵架。这样的生活让她感到绝望了。有一天她实在忍受不了了,给他发了一条微信:"我们越来越没有共同语言,这种状态让人窒息。我觉得我们在

CHAPTER 5

漫漫婚姻路，谁没流过泪

婚姻里做得都不够好，让彼此都很委屈。我感觉你不像过去那样爱我了，有点失望。"丈夫看得一头雾水，不知道她这一番感慨从何而来。

婚姻中，男人似乎永远读不懂女人，女人似乎永远不理解男人。

我始终相信，有一种婚姻很高级，夫妻二人彼此欣赏、相互仰望。只是婚姻里的我们都有各自的思维定式，如果不跳出这种思维定式，就很难拥有高级的婚姻。

02 //

恋爱中的男女，为对方呈现出的往往都是美好的一面。女人温柔贤惠、美丽大方，男人阳光体贴、温文尔雅，二人如胶似漆、甜甜蜜蜜。

而一旦走进婚姻，彼此就会发现对方不知从何时起变得不可理喻。比如，两个人因为一件小事都会发生争执。

男人说，女人头发长、见识短，这事就该听我的；女人不甘示弱地说，女人能顶半边天呢，这事我说了算。

经历过依赖的痛,再走向独立的美

男人又说,常言道,夫唱妇随,不是吗?女人回道,你难道不知道女士优先吗?

男人继续说,嫁鸡随鸡,嫁狗随狗。你不应该听我的吗?女人一听笑道,原来你不是人,是鸡呀、狗呀,难怪什么都要跟自己的老婆争,也不嫌丢人!

男人愤怒了,大喊道,丢人的是你,好吗?真是秀才遇上兵,有理说不清!唯女子与小人难养也!女人勃然变色,说道,你说谁是小人?你真以为自己是圣人啊?我看你给圣人提鞋都不配……

就这样你一言,我一语,两人吵得不可开交。

此刻,恋爱时的甜蜜荡然无存,昔日的你侬我侬一去不复返。男人发现女人变了,女人觉得自己当初看错了人。

爱情和婚姻存在本质的区别。爱情是浪漫的、美好的,婚姻是现实的、平淡的。恋爱时,彼此都能体谅对方,努力发现对方的好;婚姻中,彼此看到的都是对方的无趣和乏味,总想要逃离。如果说婚姻就像一枝花,那么恋爱就像含苞待放的花骨朵儿。而要想保证婚姻之花永不凋谢,就要不断地给它浇水施肥,不厌其烦地小心侍候。

03 //

读完杨绛的《我们仨》和钱锺书的《围城》,我感叹世间所有的高级婚姻都源于彼此欣赏和相互仰望。

杨绛出身名门望族,却并不认同世人眼中的"门当户对"。她与钱锺书因酷爱文学、痴迷读书而结为伉俪。

辛迪说钱锺书有"誉妻癖",用现在的话讲就是"妻奴"。钱锺书对杨绛的欣赏不仅在做学问方面,也在生活中许多看似不起眼的小事情上。

杨绛成名早于钱锺书,但她欣赏钱锺书的才华。她说她了解钱锺书的价值,愿为他牺牲自己。

这种爱不是盲目的,而是基于相互了解。两个人了解得愈深,感情愈好。两个人也只有相互了解了,才会相互扶持。

在钱锺书创作《围城》时,为节省开支,杨绛心甘情愿地承担起了买菜做饭等家务活。钱锺书担心杨绛一个出身名门的大家闺秀去菜市场买菜会难为情,于是几次陪同前往。

钱锺书童趣十足,虽然在生活中他像个需要被杨绛照顾的孩子,但他有一颗时时刻刻体贴妻子的爱心。为了不让杨绛太过劳累,他通常会在杨绛午休的时候悄悄钻进卫生间帮着洗衣服。虽然钱锺书把衣服洗得并不干净,但他主动分担家务活的用心让杨绛十分感动。

钱先生眼中的杨绛是"最贤的妻、最才的女";他曾为杨绛写下情话:"赠予杨季康,绝无仅有的结合了各不相容的三者:妻子、情人、朋友。"这恐怕是一个男人给予一个女人的最高评价。

"围在城里的人想逃出来,城外的人想冲进去。对婚姻也罢,职业也罢。人生的愿望大都如此。"这句广为流传的话正是出自杨绛之手,因此她也被称为最懂《围城》的人。

他们的婚姻早已成为一段佳话。两人不仅有花前月下的浪漫,还有心有灵犀的默契。斯人已逝,但他们留下的文学作品里依旧流淌着款款深情,为"围城中的人们"奉献了最经典的婚姻范本。

04 //

我们对婚姻的认知和践行也许达不到钱锺书和杨绛的高度,

但是起码要做到好好说话、耐心沟通，才能保持婚姻之花常开不败。

婚姻中，女人最大的疑惑往往是这个人到底爱不爱我。恋爱时我一皱眉，他就会担心我是不是在生气，于是变着法子哄我开心；那时为了短暂的相聚，他不管多忙多累都会来看我，而结婚后，我一句话说得不中听他就暴跳如雷；与他吵架后我离家出走，他却呼呼大睡，最后我还得自己狼狈地回家……

结婚后我们为什么会变成这样？

一位读者说，他和妻子都是高学历，可一旦吵起架来，居然也会指着对方的鼻子大骂"神经病""去死吧""给我滚""离婚吧"……

生活中，我们总是不经意间对对方进行道德评判，比如坏男人、花心大萝卜；甚至还会在无形中把对方与他人进行比较，你看某某的老公从来不这样；沟通不畅时也会回避责任，比如这事和我没关系，你爱怎么想就怎么想吧；目的达不到时偶尔也会强人所难，比如你自己看着办吧，反正我就是要这样做……我们不但做不到耐心聆听，还常常恶语相向，忽略了对方的需求和感受。

经历过依赖的痛，再走向独立的美

不得不承认，语言暴力时常会让自己和对方都陷入痛苦中。这便是婚姻中最严重的病症，迫切地需要治疗。

05 //

当我们情绪失控时会挖苦、埋怨、嘲笑对方，可能还会批评、指责甚至谩骂对方，此时我们已经不再是情绪的主人了。这种沟通方式会给我们带来极其严重的后果。

我建议已婚的女性朋友在和另一半发生矛盾时，尝试下新的沟通方式，按照摆事实、讲感受、说原因、提要求的顺序来表达自己的想法，比如我观察到……我感觉……是因为……我请求……

也许这样沟通，效果就会好很多。

如果你向他咆哮："你是什么人呀？我一天到晚带孩子，都快累死了，你也不知道心疼我，赶紧做饭去！"这几句话就充满火药味儿，比如"什么人呀"，是在给对方贴标签；"赶紧做饭去"，语气像是在命令对方，会让对方感觉很不舒服。

如果我们换种沟通方式和语气："老公，我已经带了一天孩

CHAPTER 5
漫漫婚姻路,谁没流过泪

子,感觉非常疲惫。最近腰疼又加重了,你能不能帮我把今天的晚饭做好……"最后,你会惊喜地发现,对方会开开心心地将可口的饭菜端上桌,一家人也会在愉悦的气氛中享用晚餐。

良好的沟通造就良好的婚姻,而良好的婚姻能让普通的女子散发光芒,也能让散漫的男人变得更有担当。

潜心修行，一定能渡过婚姻的暗流

01 //

出现家庭矛盾时，"家家有本难念的经"估计是我们听得最多的一句劝慰。

当一个女人在婚姻里受尽委屈时，自己的父母虽然会心疼，但也会劝女儿要包容、忍让，哪怕遇到难缠的婆媳关系问题。

女人天生感性，无论外表多么强悍，对情感的需求和依赖都必然多于男性。从女孩到女人，从恋人到妻子，从爸妈的女儿到公婆的儿媳，在人生角色的转换过程中，有多少女人能不被"暗流涌动"的婆媳关系所影响？

CHAPTER 5
漫漫婚姻路，谁没流过泪

在正常的家庭关系中，父母慈爱、子女孝顺，一家人其乐融融。子女成家后，虽然建立了新的小家庭，但也不忘常回家看看父母。然而，当子女的孩子出生以后，婆婆走进小家庭帮忙带娃。但因婆媳的育儿观念不同，所以两人间便有了嫌隙，矛盾日益加深。面对婆媳矛盾，如何保持内心的平和，是女人在婚姻生活中必上的一课。

在医院的妇产科病房，每天都有真人版《双面胶》片断在上演。伴随着新生命的第一声啼哭，考验一个女人的时刻也就到来了。

2016年，怀小宝时，我得了妊娠高血压，于是不得不放下工作，在妇产科的病房里住了五十多天。住院期间，因为病友换了十多个，所以我得以目睹了十多种不同的家庭关系，也见证了十几对婆媳的较量。

产科病房里最脆弱的那个人，无疑是躺在病床上的女人。但不是每个女人在产后最脆弱时都能得到丈夫和婆婆的精心呵护。

经历过依赖的痛,再走向独立的美

02 //

小晴是我的第二个病友,在二胎预产期的前两天住了进来。躺在病床上,我们俩聊了起来。

小晴说她读初二那年父母就离异了。姐姐跟了妈妈,她跟了爸爸。后来,她被爸爸寄养在乡下的姑姑家。20岁那年她遇到了现在的丈夫。他给了小晴少有的呵护和温暖,两人很快就走到了一起。

她婆婆有两个女儿和一个儿子,对儿子疼爱有加。每每在家里看到儿子做点家务,她婆婆就会把家务活抢过去,一边轻轻地拍拍儿子,一边气呼呼地唠叨个不停:"你挣钱养家那么辛苦,回到家哪能再干这些女人干的活!"每当这时,小晴都沉默不语。

小晴在第一个孩子刚满月时就出去工作了。她从一个服装店的小店员做到了店长,后来还经营起自己的服装品牌。小晴时不时也会为家里添置些东西,还会给婆婆一些零花钱,渐渐地,她就成了婆婆口中的好儿媳。

这次怀二胎,她在家中保胎几个月,失去了收入来源,养

CHAPTER 5
漫漫婚姻路，谁没流过泪

家的压力便落在了丈夫的肩上。婆媳之间的微妙变化犹如暗流，不时涌动。因为丈夫特别孝顺，所以无论婆婆说什么，他都不吱声。面对这样的母子，小晴即使有委屈，也只能撅撅嘴咽进肚里。

我真正见识到这家人的奇葩，是在小晴被推进产房的那个下午。她的婆婆和大姑姐在产房区的休息椅上并排坐着嗑瓜子、聊天，她老公则躺在一旁看搞笑视频。这时突然闯进一个50多岁的女人，长得人高马大，外表有几分彪悍，直呼小晴老公的名字，气呼呼地伸手打翻了休息椅上的那包瓜子。

"你们一家人太没良心了！我闺女在产房疼得死去活来为你们家生孩子，而你们在这里干什么？"女人破口大骂，显然她是小晴的妈妈。小晴的老公诚恳地向岳母道歉，但小晴的妈妈并没有原谅他的意思。

那一刻，我的心不由得一颤，难道只有亲妈才会心疼自己的儿女吗？

也许有人会谴责婆婆太狠心，也许有人会批评小晴的妈妈不识大体，但只有身处其境的人最能体会个中的心酸。

庆幸的是小晴顺产，母女平安。小晴的妈妈千叮咛万嘱咐一

经历过依赖的痛,再走向独立的美

番后就离开了,小晴的婆婆则嗫嚅着说回家去给她准备第一顿月子餐。

那天,她婆婆上午十点离开,到下午一点还不见人影。我怕小晴太饿,就给了她一个面包,小晴的眼泪顿时流了下来。

03 //

这就是家家有本难念的经吗?也不尽然。缺情少爱、自私、没有同理心才是导致小晴婚姻生活不幸福的根源。

生活中不知道有多少像小晴一样的女性,她们委屈着自己、忍受着磨难、吞咽着苦水,在痛苦中求生存。

一个女人真正变得成熟起来,是从一边蹚着婚姻的河水、一边从容地处理着婆媳关系开始的。直到你明白真正靠得住的人只有自己时,才算真的成长了。

婚姻中受伤的总是女人,可遇到问题时哭喊的往往也是女人。面对婚姻的挫败,她们的自信心被彻底击溃了,只剩下干瘪的身体和空洞的灵魂,活成了另一个祥林嫂。

CHAPTER 5
漫漫婚姻路，谁没流过泪

我们不妨理性地分析一下，为什么在失败的婚姻中受伤的总是女人？

健康的婚姻关系是建立在两情相悦的基础上的。婚姻关系像极了经济合同中的主合同，其余诸如亲子关系、婆媳关系以及因婚姻衍生出的姑嫂关系、叔嫂关系等都是从属合同。

如果主合同是基于原则分明、立场坚定、根基牢固签订的，必然牢不可破，任凭婆媳关系、姑嫂关系、叔嫂关系等从属合同如何兴风作浪均无济于事。

说到底，缔结婚约之前，你一定要选对人。

如果一个女人找到了一个资质不错的男人，是不是就可以一劳永逸了呢？答案是否定的。因为这个男人也是由父母辛辛苦苦养大的，所以他肯定会更加亲近自己的原生家庭。因此，女人必须学会经营同这些从属合同的关系，以免其动摇主合同的根基。

04 //

大多数父母都是普通人，由于文化水平和认知的局限性以及爱护子女的天性，难免会做出伤害子女婚姻关系中另一方的

经历过依赖的痛,再走向独立的美

事情。但是,如果婚姻未发展到分崩离析的程度,生活就还得继续,所以我就要奉劝女同胞们:多一点理性,有意识地进行自我提升;多维度学习经营婚姻的课程;多接触那些事业婚姻双丰收的优秀女性。你会发现,上帝永远都为你留着一扇窗。

我也曾在婚姻长河中被呛水很多次,哭过、笑过、闹过,对老公差评如潮,对婆婆抱怨连天。但随着阅历的增长,我渐渐明白了一些道理,也在婚姻中变得更加宽容。

望着年过花甲、白发多于黑发的婆婆忙里忙外,对过往所有的不愉快我都选择了渐渐遗忘和原谅。我想有一天我也会老去,身上也会有很多毛病,可能也会因做了很多不合时宜的事情而让我的子女感到头疼。那我为何不从现在就开始修行,提前给自己酝酿一个幸福的晚年呢?

人的一生只有短短的三万多天,与其花太多的精力去和老公较劲、和婆婆较劲,不如静下心来将糟心的事情放一放,拿出纸和笔,制订一个计划,短则一年半载,长则三年五载,逐渐地提升自己独立生活的能力。摒弃攀附和将就的思想,先解决掉经济不独立的问题,你就算迈出了幸福人生的第一步。

尊严都是靠自己争取来的,经济独立和内心强大才是一个女人自信的根本。工作之余再给自己点精神鼓励，有意识地培养自己的兴趣爱好，比如写作、绘画、烹饪……坚持做一件自己喜欢的事情，不为别的，只为取悦自己。

坚持努力下去，终有一天你会发现，原来自己竟有这么大的能量，能做好这么多的事情。那时的你再也不会抱怨上天把你的门堵死了，因为你自己已经推开了一扇窗。

谁的婚姻里没有过暗流呢？只要我们潜心修行、笃定地坚持下去，终将会与美好的婚姻不期而遇。

我也曾有过离婚的念头

01 //

作为情感博主,我常常为很多粉丝答疑解惑。看完这篇文章,你也许会瞪大眼睛问:"静水,你怎么也有一箩筐烦恼?"

有一段时间,离婚的想法时不时在我脑海中闪现。

从公司裸辞后,我唯恐荒废时光,每天都会以列清单的方式给自己定下具体可行的目标。一天结束后,我还会对当日的清单进行复盘调整。

这个习惯让我活得踏实,也让我取得了不小的进步。一个纯凭爱好杀进自媒体领域的作者,能靠文字养活自己,注定要付出

CHAPTER 5

漫漫婚姻路，谁没流过泪

更多的努力。但凡事要分轻重缓急，在我心里，照顾好孩子永远排在第一位。

我每天先把小宝送到幼儿园，再回到家差不多就到上午十点了。这时，我开始写文编辑，加上偶尔洽谈合作，还要保持必要的阅读输入，把每分钟掰成两半用似乎都不够。但我没意识到，这期间我忽略了一个人，那就是张先生。

最近他性情大变，总是发火、摔东西。有时候一件极小的事情，都能引起他的不悦。过去我总想改变他，甚至希望他能和我一样努力，但后来我发现这种想法近乎白日做梦。每个人都有自己的活法，过分求同，除了徒增烦恼，毫无益处可言。

事实上，你永远不可能改变别人，但聪明的人会去努力改变自己。所以我转变了思路，不再纠结他的活法，也不再执拗于婚姻不够完美，开始聚焦自我成长、关注育儿常识。努力做好自己时，我感觉日子真的是充实而美好。

02 //

既然都转变思路了，那我又发的是哪门子火呢？导火索是大

经历过依赖的痛,再走向独立的美

女儿写了十几篇读后感,我没来得及帮她整理,张先生觉得我这妈当得特别不称职。我终于忍无可忍,数落了他一顿:"你有那么多时间打游戏,为什么就不能花时间辅导辅导孩子的学习呢?再怎么说,当年你也是学霸啊!"他恶狠狠地瞪了我一眼,拿着一本书就躺到沙发上去了。

我气愤地想,难道要让这样的猪队友拖垮我的人生?彼此沉默了好大一会儿,他突然抱怨道:"真后悔支持你裸辞!以前多好,有空闲时间,每天上班、下班,家庭生活安稳有序。现在搞得,唉……你昨天过生日,你以为我忘了吗?我怎么会忘?难道你不知道我在和你赌气?因为我说不过你,所以就不搭理你……""给你一个月时间考虑,不能过就离婚!孩子是我的,房子一人一半,车归你。"我实在忍无可忍,终于吼出了绝情的话。"你想得美,孩子是我的!"他根本不屑一顾。

孩子,是我们共同的"软肋",尤其在教育孩子的理念上,我们再同频不过。我想不明白,我无怨无悔地爱着这个家,努力改善着这个家的生活,你不体谅我的辛苦也就罢了,怎么还抱怨呢?

那天晚上,我突然感觉头晕乏力,好像一下子被他气出了毛病。他一句话都不说,只是径直走过来摸我的额头,嗔怪道:

CHAPTER 5

漫漫婚姻路，谁没流过泪

"作出病了——发烧！走，赶快去医院！"3岁的小宝一遍遍问我："妈妈，你没事吧？"12岁的大宝说："妈妈，你躺床上歇歇吧。"

从医院回来，我就迷迷糊糊地睡着了，感觉有人给我量体温、敷毛巾。那一刻，我感觉内心五味杂陈，既然相爱为何相杀？离婚的想法又瞬间被这种强大的温情湮灭了。

躺在床上，我终于腾出时间认真思考离婚这件事。读过太多的情感鸡汤，有人因为一碗面条离婚了，有人因为几元钱离婚了，难道两个人真的是过不下去了吗？感情基础很好的夫妻之所以也会闹离婚，终究还是因为双方欠缺经营婚姻的能力。

我清楚，好情绪无论是对于一个人还是一个家庭都很重要。于是我就把"好好说话"与"控制情绪"8个字打印出来贴到床头，希望能消除我们的坏情绪。

03 //

我最近一直在研读心理学方面的书籍。每学到一个颠覆我认知的理论，都会感慨一下。

经历过依赖的痛，再走向独立的美

原来，许多人在婚姻里都曾迷失过。关于婚姻，有一个这样的理论：男女来自两个星球，因为男女的左右半脑结构不一样，所以思考问题的角度也不一样。很多夫妻因为不懂这个天然差别，所以常常忍受鸡同鸭讲、不被理解的痛苦，忍够了就会离婚。

这让我想起了一个读者分享给我的故事。

多年前，她做过一次药物流产，吃完药的第三天是排污阶段。她坐在马桶上，头晕得感觉天旋地转。此时，老公却四仰八叉地躺在床上打游戏。她气愤地说："我都难受得要死了，为你受这么大罪，你怎么都不过来看一眼？"老公来了一句："如果我过去看一眼，你就会舒服一点吗？"那一刻，她泪如泉涌，心里感到无限的悲凉。

后来，她看到一个心理学案例，主人公和自己的遭遇很像。于是，她开始反思自己的婚姻，并决定按书上说的方法去试试。

她每次痛经时都疼得死去活来，还时常伴随着呕吐、拉肚子，都是独自忍受整个过程。这一次，她冲向卫生间的同时，有气无力地喊老公："我要吐了，帮我拿点纸巾！"老公立刻抽了几张纸巾送到卫生间，看她吐得厉害，不由得感叹："怎么吐这么厉害呢！"她吐完吩咐道："老公，帮我拿个毛巾。"老公顺

CHAPTER 5
漫漫婚姻路，谁没流过泪

手把架子上的毛巾取下来递过去。她瞄了一眼，有气无力地说："老公，我要用湿毛巾擦脸。"这次他总算表现出来一个重点大学毕业生应有的智商，拿了一条浸过温水后又稍微拧干的毛巾过来，还带过来一杯温水。

她靠在沙发上喝水。老公也不去打游戏了，挨着她坐在沙发上，看她喝完水，又问了一句："怎么样，感觉舒服一些了吗？"她点点头，说："多亏有你，现在好多了！"当她下次再痛经时，老公已经知道拿着纸巾、温热的毛巾和温水以备老婆所需。

后来只要老公在家，不管在干什么，只要她一开始吐，老公就会立刻把纸巾、温热的毛巾和温水准备好。看着她吐完，老公还会再说一句："老婆，我爱你！"

04 //

如她所说，你不用怀疑，男人虽然在干别的事情，但一定也在偷偷观察着你，如同当年对你怦然心动时偷偷看你一样。只不过此时的眼神里不再是羞涩，而是关怀。

经历过依赖的痛，再走向独立的美

男人和女人果真来自两个星球，当女人在婚姻中觉得自己委屈的时候，会直觉地想："他不爱我了！""我真倒霉，我怎么嫁了这么个人！""以前他对我说过的话都是骗人的，我真傻！"女人会吃惊地发现，发完火不到一小时，自己还在生气呢，男人却已经正常如昨，甚至还会大言不惭地问："我们为什么吵架？真记不住了。"

反观自己的婚姻，我发现自己的问题太多了，是我剥夺了张先生在婚姻中成长的机会。比如吃完饭，我不让他洗碗，因为他不但把碗洗不干净，还会把厨房弄得乱七八糟；我不让他帮我编辑文字，因为他配的图我总看不上，他修改的句子总是少点修辞；我不让他检查孩子的作业，因为他总是批评孩子，我一听就很恼火。

所以，我比他累，却从不喊累。结果把自己累出毛病不被理解的时候，我又没有抽出时间去解决问题，导致矛盾积累得越来越多，在某一时刻我的坏情绪就爆发了。

CHAPTER 5
漫漫婚姻路，谁没流过泪

05 //

我发自内心地相信，我们是因为相爱才走到一起的。但徒有爱的意愿远远不够，还要修炼爱的能力。好的婚姻是需要不断注入新能量的。如果遇到问题就选择躲避，那么婚姻的账户早晚会被透支得一干二净，离婚也是早晚的事。

两个人真的不是领了证就圆满了，还得具备经营婚姻的能力。

当我们不再间歇性萌发离婚想法的时候，我们经营婚姻的能力才算有了一些提升。

高质量的婚姻,是互相理解

01 //

伴随着轻柔的婚礼进行曲,一对新人十指紧扣步入婚姻的殿堂:男人精神焕发,深情款款;女人娇羞美丽,柔情似水。

当脱下礼服、卸下妆容,真正开始柴米油盐的平淡生活时,很多人才发现,婚前的浪漫犹如绽放的烟花般转瞬即逝。

有人说女人若想知道男人爱不爱你,和他吃一顿饭或和他出去旅游一次就知道了。其实,一个男人若想知道一个女人爱不爱自己,何尝不是从生活中这些细节判断呢?

每个人的婚姻都会历经岁月的磨砺。可是为什么有些女人哪

CHAPTER 5
漫漫婚姻路，谁没流过泪

怕长出了鱼尾纹，婚后也愈发有韵味？而有些女人在婚后却如秋天的蔷薇，日渐枯萎，了无生气，即使用昂贵的化妆品，也难以掩盖她们的憔悴和疲惫。

结婚后的男人也是如此。有的男人即使头发已花白，但看起来也神采奕奕；而有的男人虽然相貌堂堂，却满脸倦容。

有人说若想知道两个人的婚姻幸福不幸福，一看男女双方的气色就可以知道。

02 //

高质量的婚姻是什么样子呢？在一次结伴旅行中，我似乎找到了答案。

文莉和芳华是我在Z城最贴心的两个姐妹，去年五一小长假我们三个人策划了一次家庭自驾游。张先生因值班缺席，文莉和芳华两个人的丈夫各自驾一辆车，我们三个女人则带着孩子分坐在两辆车上。一群人兴致勃勃地开启了假期之旅。

距离目的地还有100公里时路上发生了拥堵，望着高速公路上长长的车队，芳华的老公开始失去耐心，嘴里满是抱怨："早

经历过依赖的痛,再走向独立的美

知道会堵车就不来这里了,我就说去附近的海边吧,你非要来爬山。这下好了,等吧!"

他边抱怨边掏出一支香烟点着了。芳华脸色骤变,提醒他车上有孩子不能吸烟。那种不被理解的愤怒瞬间挂在了芳华老公的脸上。

"闭嘴吧老刘,好不容易出来玩一次!"芳华有些不耐烦地对他说。

看着两口子拌嘴,我打趣道:"别着急,高速公路上一样可以看风景呀!"

此时再看后面车上文莉一家,孩子们隔着车窗向我们微笑着招手,文莉也笑意盈盈地向我们示意不要着急。通过汽车后视镜我看到文莉的丈夫一脸恬淡平和,没有丝毫抱怨的样子。

两个小时后,我们终于到达目的地。望着连绵不绝的青山,孩子们欢呼雀跃。

这时,芳华的丈夫一脸严肃,对着女儿莹莹大喊:"我跟你说过多少次了,安全第一,安全第一,记住没有?如果记不住咱就不玩了,立刻回家!"

莹莹撇撇嘴,满脸委屈地靠近妈妈。我觉得那一刻芳华恨

CHAPTER 5
漫漫婚姻路，谁没流过泪

不得掐死眼前这个无趣的男人。文莉的老公见状忙走过来幽默地说："今天莹莹跟着叔叔，你看叔叔长得人高马大，绝对让你爸爸放心！"文莉也在一旁附和着："我家老李就是个孩子王。"

文莉两口子永远都是夫唱妇随、琴瑟和鸣的默契状态，关键时刻他们总能化解尴尬。

晚上休息时，芳华开始向我们诉苦，说丈夫是个很无趣的人。比如她花了半个月薪水买了一件时尚大衣，他不仅不夸赞，反倒吐槽她"你以为你还是18岁啊，买这么鲜艳的衣服"；她想把家里的客厅装修得清新些，他却说"瞎折腾什么"……

文莉在一旁劝她，不要和男人一般见识。

我们都知道，芳华的丈夫人不坏，对家庭很负责，就是情商有点低，关键时刻总是扫兴。芳华说："离婚的冲动都不知在心里萌发过多少次了。"文莉劝慰她说："十几年都过来了，哪能说离就离。"

芳华把目光转向我："静水，你有没有发现我老得特别快？和他在一起这么多年，我真的好累。"

我能体会到芳华那种因为时常不被理解而内心绝望的感觉。女人的要求其实并不高。男人一个安抚的眼神、一抹理解的微笑、一句幽默的言语，都能把女人哄得很开心，但男人却不一

经历过依赖的痛,再走向独立的美

定懂。

高质量的婚姻生活里,男人大多有担当且幽默,女人大多温柔且善解人意。

03 //

我的师兄林健长得玉树临风,结婚前找对象时很挑剔。我曾给他介绍过一个女孩。女孩谦逊有礼、勤奋好学、多才多艺,就职于某行政单位,是个不错的姑娘。可林健和她见过面后,嫌她不够漂亮,委婉地拒绝了。

某日林健来参观我的工作室,我们闲聊起来,不知不觉就说到了彼此的另一半。

林健说:"我早就想把家装修成你这样的'书香天堂',但我老婆死活不同意。我们俩的业余爱好几乎没有任何交集,她下班就逛淘宝看视频,我则喜欢阅读和练字。最近工作太忙,我都有点顾不上孩子了。我多次要求她用心陪孩子,可她就是改不了自己的毛病,这让我很郁闷。"

我劝慰林健:"我们要在婚前瞪大眼、婚后闭只眼,婚前谨慎、婚后糊涂。谁不是经常感叹'你若懂我该有多好'呢？"

婚姻里的非原则性矛盾，就像一个人的身体一直处于亚健康状态。虽然看似无关紧要，但就是让人提不起精神，总感觉缺乏生活的动力。

来自不同家庭的两个人，有幸能成为彼此携手共度一生的人已属不易，所以我们要彼此珍惜、互相理解，一起携手经营幸福的婚姻。

跨越来自另一半的伤害,终将抵达幸福

01 //

如果不是遇到马晓,我这辈子都无法知道从爱情中浴火重生的女人有多强大。

马晓和艾迪谈恋爱时,室友们心照不宣地认为马晓是奔着艾迪家的钱才投入艾迪的怀抱的。他们分明就是"女有貌、郎无才"的"互补"组合。

周末早上的女生宿舍楼前,是大学校园里一道亮丽的风景。男生们捧着热豆浆、热鲜奶,耐心地等待着他们的公主现身。马晓和艾迪的恋爱模式则恰好相反。马晓会把艾迪这一周需要换洗

CHAPTER 5
漫漫婚姻路，谁没流过泪

的脏衣服、床单、被套都带到女生洗衣房，然后挽起袖子、哼着歌，把这堆东西搓洗得干干净净，最后会在宿舍的阳台上露出幸福的微笑。

马晓对艾迪的好无可挑剔，但总让人感觉有那么一丝不妥，因为马晓总是委屈自己。

那时马晓恨不得让全世界的人都知道艾迪是她的男朋友。

当然，情人节时马晓也会收到艾迪送来的价值不菲的项链或包包。每当此时室友们就会叽叽喳喳兴奋好一阵子，而马晓就像娇羞的待嫁新娘，幸福的脸蛋红扑扑的，好像在梦想着自己的婚礼。

毕业前，艾迪兑现了承诺，和马晓领了结婚证，接下来就该是举办一场盛大的婚礼了。

可半年过去了，大家都没有收到马晓的结婚请柬。据说是因为艾迪的母亲觉得马晓太有心机，坚决不同意他俩在一起。艾迪夹在中间左右为难，但最终还是站在了母亲那边。

在一次激烈的争吵后，婚房的门锁被换了。马晓发疯似的在深夜无人的大街上奔跑，任泪水恣肆地流。回想起这四年，她为他洗衣送餐，把他照顾得无微不至，不顾一切地和他同居，甚至为他堕胎……她爱他胜过爱自己。为了他，她也愿意继续隐忍和

经历过依赖的痛,再走向独立的美

等待。

终于,某个春日的午后,大家收到了他们的结婚请柬——马晓和艾迪要举行婚礼了。据说艾迪克服重重困难,才做通了母亲的思想工作。

02 //

恋爱是两个人的事情,结婚却是两个家庭的事情。

婚后的第一个春节,双方作为独生子女,因为要回谁家过年的问题产生了分歧。马晓细数她为了嫁给艾迪而遭受的种种委屈,继而和艾迪大吵了一架。

她说当艾迪举起愤怒的拳头抡向她时,自己想死的心都有。艾迪大声地质问马晓,到底是自己害了马晓,还是马晓"绑架"了他?那一刻,艾迪对马晓所有的不满彻底爆发。马晓的婆婆带着鄙夷的眼神假装劝架,却死死搂住马晓,任儿子冲动的拳头打在马晓的身上……

后来,马晓凭着自己的精明能干进入了某跨国集团工作,事业上小有成就,并且置办了属于自己的房产,终于有了和艾迪相匹配的实力。

现在,两人时不时在朋友圈晒一家四口的温馨美照,一双儿女膝下承欢,羡煞旁人。她为自己所爱的人忍辱负重这么多年,终究还是靠自己的实力才能与这个家里的成员平起平坐。

"那时我们不懂事,认为爱情至上。我曾卑微地爱着他,为此付出了很大的代价。"马晓向我讲述这一切的时候,十分平静。

03 //

当我把马晓的经历讲给闺密听时,她皱了下眉头,抿抿嘴唇,欲言又止。

过了一会儿,她说:"你知道吗?你帮我解开了一个心结,比起马晓,我是不是更应该原谅自己的老公?"

原来,她丈夫家是三代单传,所以她虽然身体不是很好,也答应了丈夫生二胎。其实她心里很烦,一家人如此盼望一个男孩的到来,让她觉得对不起女儿。

作为大龄孕妇,身体出现了种种不适,做产检时还被查出患

经历过依赖的痛,再走向独立的美

有高血压。

她生育时难产,医生咨询家属的意见,说:"如果孕妇生产过程中遭遇意外,保孩子还是保大人?"她丈夫不知所措,哭得一塌糊涂,双手颤抖着签了字;婆婆毫不客气地说,一定要保住孩子。更让她伤心的是,手术费还是她丈夫从她母亲那儿借的。感谢上天垂怜,她顺利产下了婴儿。

从此,她对丈夫的爱产生了怀疑。这个结在她心里一直不曾解开。"他当时那么痛苦,其实是爱我的,对吗?"她不自信地问我。

我对她说:"婚姻里受到伤害的女人,时常会怀疑另一半的真心。但这一生不长,面对无法释怀的伤害,唯有跨越,才能让自己过得更轻松。只有学会和过往告别,我们才能遇见更好的自己。"

单纯善良的姑娘,为什么容易在婚姻里受伤

01 //

"在这场婚姻中,孩子是最大的牺牲品。当初他们坚决要我打胎,我却以为把孩子生下来就可以留住他的心。其实这是很愚蠢的做法,我的牺牲永远都赶不上他变心的速度。现在,孩子成了我一生的牵绊。静水姐,请你把我的故事写下来,我想给那些单纯善良的姑娘提个醒,切莫因为冲动上了坏男人的当。一旦误入歧途,换来的就只有刻骨铭心的伤痛。"

这是我的一个读者的泣血经历。主人公叫周洁,是个单纯善良的姑娘,虽然她已经从苦不堪言的婚姻围城里走出来,但过往

经历过依赖的痛，再走向独立的美

的家暴经历依然让她心有余悸。

周洁是S市一家金融机构的小职员，她是经上司牵线和前夫相识的。她出生在一个淳朴的农民家庭。遇见前夫之前，从未谈过恋爱。她的前夫是S市人，来自单亲家庭，由母亲独自养大，与周洁在同一家金融机构工作。

前夫遇到周洁时刚和谈了三年的女友分手，正处于情感的空窗期。周洁说如果不是因为那次工作上的重大业务差错，她也不会那么快坠入情网。

作为一名职场新人，在一次大额业务办理完毕后，周洁不小心将一张重要的原始凭证单据误交给了办理业务的客户。前夫不惜放下手头的工作驱车到几十公里外的旅游度假村，找到客户并将凭证取回，使她避免因此受罚。

恋爱中的女人智商几乎为零，更何况是初恋。周洁以为自己遇到了爱情，快速地投入了这个男人的怀抱。两人认识不久便步入了婚姻殿堂。

当她真正踏进这个家门时才发现，不仅婆婆有严重的重男轻女思想，而且前夫和其前女友依然藕断丝连。

婆婆当初之所以支持他俩结婚，是因为觉得儿子已经到了必

CHAPTER 5
漫漫婚姻路，谁没流过泪

须结婚的年龄，自己心里着急，看周洁有份稳定的工作、性情也很温和，就认为她是个合适的人选。

可后来前夫非常后悔和她领证结婚，但此时她已经怀孕了。这场婚姻对涉世未深的周洁来讲，就像一场噩梦。

02 //

婚后，周洁才发现前夫嗜赌成性、拈花惹草，夜不归宿是他的生活常态。不久，前夫似乎又遇到了在他看来比周洁更合适的结婚对象。于是母子联手以各种莫名其妙的理由逼周洁打胎，甚至还对她动粗。

每当夜深人静的时候，周洁便独自垂泪，婚姻里无边的黑暗一次次将她吞噬。她承受着巨大的压力，却不敢将自己的遭遇告诉父母，更不想让村里人知道，因为大家都以为她嫁了个好人家。

她苦苦坚持，终于熬到孩子出生。但迎接孩子的却是妈妈的眼泪，爸爸、奶奶的冷漠。

周洁在坐月子期间与前夫发生了冲突。前夫挥起拳头狂风骤

经历过依赖的痛,再走向独立的美

雨般地向她砸来,让她一度全身抽搐、失去知觉。

当年过半百的父母得知女儿的不幸后,老泪纵横。他们支持周洁离婚,同意她除了孩子不带走前夫家任何东西。可前夫为了留住孩子,竟然威胁周洁娘家人的生命安全。

孩子出生后71天时,不堪忍受家暴的周洁终于提出了离婚。可是在前夫的威胁下,她彻底失去了抚养孩子的权利。

后来,她对孩子思念成疾,身体日渐消瘦。

03 //

和我聊起往事时,周洁几度哽咽。我提醒她,按照法律规定,孩子不满1周岁时,监护权在女方手里。她无奈地说:"为了给女儿哺乳,我什么办法都试过了,但无济于事,我真的争不过他。我想一死了之,但女儿才两个多月,我父母也都50多岁了,所以我要强大起来。我只想让更多的女性朋友知道我的故事,吸取我的教训。这才是对坏男人最好的报复。"

对于周洁的遭遇,我深表同情,但更多的是反思。她本是一个受过良好教育的姑娘,然而让人遗憾的是,她对婚姻的认识似乎十分肤浅。当她遭受第一次家暴的时候，丝毫不反抗，甚至在对方逼她打胎时，还选择苦苦坚持。她这样一而再、再而三地忍耐，刚好纵容了对方的野蛮。

庆幸的是，她已经离婚了，终于离开了那个伤害她的男人。在30多岁的年纪，只要她能够勇敢地面对困难、用心生活，幸福早晚会来敲门的。

04 //

亲爱的读者朋友们，如果你有处在青春期的女儿，那么请提前帮她树立正确的婚恋观，避免让自己的女儿情路坎坷、受尽折磨。如果你是一个如周洁般单纯的女孩，容易在婚姻里受伤，请务必理性地看待下面的总结。

单纯善良没错，对人对事缺乏理性的认知则大错特错。坏男人最容易伤害的莫过于单纯善良的女孩，因为他们知道你没有见过爱情真正的模样，很容易被俘获。

残酷的现实会告诉你，如果遇人不淑，就趁早远离。

经历过依赖的痛,再走向独立的美

勇敢地对家暴说"不",他敢对你动手一次,就敢对你动手无数次。

不要企图用孩子来拴住男人的心。一个有着强烈责任感的男人无须绑架,他自然会和你一起期盼孩子的降临。

做个有独立思考能力的女人,你的人生将会有更多的选择权。如果你的原生家庭没有给你良好的指引,那么请记得别让父母的认知局限害了你,尽早进行自我提升和自我疗愈。

婚姻里遭遇不幸不可怕,不懂得及时止损才可怕。我们要相信自己,只要挥别过去,就能见到希望的曙光。

看别人的故事,长自己的见识,愿所有单纯善良的姑娘都能遇见对的另一半!

当你变好了,一切自然就会好起来

01 //

那年秋天,小宝突发腹泻,我和张先生火速带孩子到医院儿科门诊就诊,碰巧遇见我的发小李影带着儿子亮亮在输液。

我和李影聊了几句。亮亮因身体的种种不适哭闹得厉害,在李影怀里乱蹬,我们怎么哄都哄不住。"啪"的一声,李影的手掌打在了亮亮的屁股上,亮亮随即大哭起来。

李影本能地将亮亮紧紧揽进怀里,她眼圈泛红,一脸的沮丧和疲惫。

我问李影:"亮亮爸爸去哪了?"她长叹一口气,淡淡地

经历过依赖的痛,再走向独立的美

说:"别提他。每逢孩子生病,我就有种想死的感觉。如果不是希望儿子有个亲爹,我都不知道要他有何用。"

李影说现在她已经不相信什么海誓山盟了。在她看来,结婚就是两个人搭伙过日子。如今,她什么都不图,就图孩子健健康康的。

自从母亲去世后,她的世界里只剩下了三个男人,木讷的父亲、不靠谱的老公、年幼的儿子,可是这三个男人没有一个让她省心的。

结婚四年,老公拿回家的钱她掰着手指头数都能数得清。

而且,在亮亮满月时宴请亲朋好友收的礼金被公婆全部拿走了,到现在她都不能释怀这件事。婆婆还自豪地向外人吹嘘:因为儿子特别优秀,才娶到了一位城里姑娘;如果不是因为儿子优秀,城里姑娘能带着车子、房子嫁过来吗?还不是指望儿子以后给她父母养老呀……

如果不是亲眼所见,我真不敢相信昔日高傲的女神如今竟被生活折磨成了一个怨妇。

李影毕业后曾做过几份工作,但每份工作都没有超过半年。结婚后,她选择回归家庭,做起了全职太太。

学生时期的她长相标致、青春靓丽,还有天籁般的嗓音,她

CHAPTER 5
漫漫婚姻路，谁没流过泪

曾是许多男生暗恋的女神。

然而，人到中年，她把日子过得一塌糊涂，却从不反省自己的过错，渐渐活成了自己曾经讨厌的模样。

02 //

上周末张先生送给我一条价值不菲的项链，他说这是迟到了十年的礼物。尽管我们早已过了耳听爱情的年龄，但我的内心还是泛起了幸福的涟漪。

十年前，我们来到Z市。结婚时，我连一件像样的礼服都买不起，更不敢奢望一场隆重的婚礼。

差不多同时结婚的同事小A度蜜月去了巴厘岛，小B度蜜月去了马尔代夫，而我的蜜月期则是在家里打扫卫生。

巨大的条件差异迫使我对生活的要求一再降低。即便如此，我和张先生依然频频出现摩擦。

我们曾因为辅导孩子时某个理念产生了分歧，吵得天翻地覆，他气得摔门而去；也曾经因为卫生习惯的差异，我把他的袜子一股脑儿地塞进了垃圾桶。望着镜子里歇斯底里的自己，真不

经历过依赖的痛，再走向独立的美

敢相信生活已经将我折磨成这般模样。

矛盾升级时，我总会陷入要不要离婚的纠结中。我也曾懊悔自己当初稀里糊涂地上了他这艘"贼船"。

多年之后我才明白，每个人在婚姻中都会有绝望的阶段。在婚姻这条河里谁都流过泪、呛过水，但只要熬过了这段艰辛的路程，双方自然就会得到相应的成长。

多年前遭遇职场冷暴力时，我不甘心向生活俯首称臣，于是按照自己的规划开始挑灯夜战、疯狂充电，照顾孩子的重担自然就落到了张先生身上。他骂我是个神经病，一把年纪了还要折腾，我沉默不语。

当我的努力渐渐开始变现时，张先生也对我刮目相看了，而且比以前更加疼我。这让我觉得，靠谁都不如靠自己，尊严永远都是靠自己挣得的。

一个女人，投资自己远比依附男人有用。另外，我们也要记得爱自己、珍惜自己。

CHAPTER 5
漫漫婚姻路,谁没流过泪

03 //

曾经看过一则让人不寒而栗的报道:杭州某女高管年薪200万元,默默地为家庭付出,却甘心忍受做散打教练的老公对她近十年的家暴。当她被媒体追问经济实力这么强,为何还要忍受十年家暴才决定离婚时,她的回答竟然是"因为孩子和面子"。

多么愚昧的观念和认知啊!我们结婚到底是为了什么?

婚姻里难免磕磕碰碰,但如果你在婚姻里遭受家暴、背叛,却仍然为自己的错误选择寻找开脱的理由,就实在让人无法理解了。

禁锢女人的从来都不是命运。一个经济独立的女人却被孩子和面子所绑架,肯定要为自己的错误认知付出代价。一个连自己都不爱的人,还能指望谁来爱你?

04 //

当一对新人携手踏入婚姻的殿堂时,哪一对不是相互欣赏、

经历过依赖的痛,再走向独立的美

彼此仰望?

一对夫妻,踏过婚姻的红毯,度过蜜月期,伴着锅碗瓢盆的"交响曲",再到生儿育女,历经中年危机,最后老来做伴,一路走来太不容易了。

幸福的婚姻从接纳彼此开始,接纳不完美的自己和不完美的伴侣。但你不能拒绝成长,更不要抱怨生活,也不要太容易被命运降伏。

请认真地爱自己,同时也将爱交付给那些值得我们深爱的人。因为当你变好了,一切自然就会好起来,这才是幸福婚姻的真谛。

漫漫婚姻路,谁没流过泪

01 //

牧师:"×××,你是否愿意接受×××成为你的合法妻子,按照上帝的法令与她同住,与她在神圣的婚约中共同生活,并承诺从今之后始终爱她、尊敬她、安慰她、珍爱她,始终忠于她,至死不渝?"

新郎:"我愿意!"

牧师:"×××,你是否愿意接受×××成为你的合法丈夫,按照上帝的法令与他同住,与他在神圣的婚约中共同生活,并承诺从今之后始终爱他、尊敬他、安慰他、珍爱他,始终忠于

经历过依赖的痛，再走向独立的美

他，至死不渝？"

新娘："我愿意！"

看到这段对白，想必大家都会在脑海中浮现出美丽的新娘、帅气的新郎站在牧师前宣誓的画面。

缔结婚约的男女，在牧师面前的承诺，就是向上帝的承诺。既然是向上帝的承诺，男女双方就永远不能背叛对方，否则就是对上帝的背叛。然而，两个人之所以选择结婚，是因为想要永远在一起。可一旦结了婚，两个人在一起久了，就会出现这样或那样的摩擦、冲突。它们有些是可以化解的，有些却难以调和。这时，两人当初在牧师面前各自说出的"我愿意"还算数吗？

02 //

小桑是我儿时的伙伴。我们虽在同一个城市工作，但各自成家后就很少联系了。周末突然接到她的电话，我感到很惊喜，调侃她"重色轻友"。她严肃地说别开玩笑了，想马上见到我。

当时我正在赶一篇文案，换作别人我肯定会说不方便，但对

CHAPTER 5
漫漫婚姻路，谁没流过泪

小桑的约见我无法拒绝。

当我开门看到她的一刹那，我愣住了。她红着眼圈，哭哭啼啼。我一时不知该如何安慰她。

等她平静下来，我问她："发生了什么事？"

她说："我和大伟过不下去了。我在家里洗澡，婆婆嫌我浪费水，平时她就把水流控制得很小，还在水龙头下面放个大桶，难道这样水表指针就不会转？如果我买点水果，她就会提醒我大伟挣钱不容易，最好吃时令水果，好吃又便宜。起初我没有太在意，觉得老人节俭惯了，可以理解。这么多年，我都忍过来了。昨天晚上我加完班，骑着电动车回家，到家都快十点了，被冻得瑟瑟发抖，大伟就帮我打开了卧室的空调。没想到婆婆竟披着衣服敲开我卧室的门，拿起遥控器就把空调关了，然后阴沉着脸走了出去。我也在挣钱啊……"

我说："你老公的态度呢？毕竟他的态度才是最关键的。"

她啜嚅道："唉！结婚时我就图他老实可靠，有个稳定的工作，谁知道在他母亲面前他一句话都不敢讲。就连大伟的工资卡，他妈都一直不肯交给我。"

我在心里感叹，这是标准的"妈宝男"——妈妈强势能干，

经历过依赖的痛，再走向独立的美

儿子软弱听话。"万事靠自己吧！买个房子搬出去是最明智的选择，好在他虽然软弱但也知道心疼你。"这是我给她的建议。

此后，我一直留意她的微信朋友圈。她从制订学习计划到拿到初级会计师证、中级会计师证，越来越好。我不断收到她的"捷报"。

两年后她换了工作，在一家知名房地产企业担任会计主管。目前她正在备考注册会计师，她的薪水自然也是芝麻开花节节高。

再次见到她时，她开心地告诉我，她和丈夫按揭贷款买了一套两居室，月底交房，年底就可以住进去了。我问起她婆婆的态度。她说她婆婆现在絮叨得少了，前不久还把大伟的工资卡交给了她。

小桑像拓荒者一样开辟出了属于自己的疆场。尽管脚下杂草丛生，也未能阻挡她前进的步伐，她终于在婚姻生活中找到了更好的自己。

03 //

新年校友聚会时，我见到了师兄阿强。他穿着一身藏蓝色西

CHAPTER 5
漫漫婚姻路，谁没流过泪

装，虽人到中年却显得愈加谦逊儒雅。

饭桌上，阿强站起来指着旁边一位女士礼貌性地向我介绍："静水，这是你嫂子！"见我愣住，他忙笑着解释道："这是你的新嫂子阿秀，前任已'退休'。"我瞬间明白了。想起去年校友聚会上他喝得烂醉如泥，嘴里不停地说胡话，整个人显得很颓废。

我也曾听人说，阿强之前很痛苦，因为前妻是个很强势的女人，握着家庭经济大权，一点零用钱都不给他，所以阿强平时兜里比脸还干净。为了升职，前妻和上司公然暧昧，甚至主动投怀送抱。是可忍孰不可忍，阿强的底线被触及，于是提出了离婚。多年的婚姻大厦轰然倒塌。

我打量着阿强的新妻子，披肩长卷发，温和的眼神，修长的手指，虽谈不上漂亮，但很有气质，让人感觉很舒服。她就像传说中的"37度女人"，一切都刚刚好。

怀着好奇心，我翻阅了阿强这一年的朋友圈。从"男人流血不流泪""让人窒息的生活""终于解脱了"到"妻子就像个天使"，配图是名为"月上柳梢头"的一幅油画，外加一个憨笑的表情。

我从朋友口中得知，阿秀是一所中学的老师，性格恬淡，知书达理,业余喜欢画画,而且擅长画油画。

阿强和前妻的儿子在阿秀的照顾下,非常有礼貌。从阿强的手机屏幕上就能看出他们是和谐的三口之家。

看来,好的婚姻给男女双方带来的幸福感是一样的。它会让一个其貌不扬的女子光芒四射,也会让一个内敛低调的女子气息迷人;同样它也会让一个无趣的男人变得幽默而有温度,让一个颓废的男人变得有担当。

04 //

在婚姻中,女人最大的错误,就是时常以弱者自居。有人说,你看她一个女人家,干吗那么拼?自己都那么拼了,还要男人做什么?

现在,原配街头暴打"小三"的视频经常出现在网络上。然而如果老公的心思不在自己身上,女人再怎么争取也是白费力气。作为一个独立的成年人,经营好自己才是关键。

一对琴瑟和鸣的夫妻,必定是以相互尊重为前提的。他们的人生观、世界观、价值观几乎一致,两人惺惺相惜,生活自然幸

CHAPTER 5
漫漫婚姻路，谁没流过泪

福美满，家庭一定充满欢声笑语。

有人说，即使最美好的婚姻，一生中，彼此也会有200次离婚的念头、50次想掐死对方的冲动。但美好的婚姻需要男女双方共同缔造，需要两人心心相印、团结上进，给予对方充分的信任和无微不至的关爱。

改变自己其实并没有那么难，只要你愿意，什么时候开始都不晚。记住，心在哪里，收获就在哪里。

//

声 明

　　感谢本书封面插图的原作者，为我们奉献了如此精美的画作，为我们这本书增添了许多光辉，我们也非常喜欢这幅作品，再次表达我们的谢意！

　　遗憾的是，由于种种原因，我们始终未能与您取得联系。烦请您看到本声明后，尽快与我司联系，领取版权费，我们也期待能获得您的授权。

　　祝您生活愉快！

北京蓝色城文化传媒有限公司

2020年5月20日

联系方式：773645251@qq.com